"十四五"时期国家重点出版物出版专项规划项目

配网带电作业系列图册

An atlas of live working on distribution network

Operating skills of tools
and instruments

工器具操作技能

国网江苏省电力有限公司技能培训中心
带电作业专家工作委员会 组编

中国水利水电出版社
www.waterpub.com.cn
·北京·

内 容 提 要

  本书是《配网带电作业系列图册》中的一本，主要介绍了工器具操作技能，内容包括绝缘操作工具、绝缘承力工具、检测工器具、金属工器具等。本书采用"线描图 + 文字说明"的方式，线描图展现工器具的结构，"定格"工器具使用场景；文字详细阐述工器具的使用步骤和注意事项，兼具知识性、直观性和趣味性，便于作业人员进一步理解、固化现场培训后的操作要领和技艺。

  本书可作为现场带电作业人员的培训用书，也可供相关专业从业人员参考。

图书在版编目（CIP）数据

配网带电作业系列图册. 工器具操作技能 / 国网江
苏省电力有限公司技能培训中心，带电作业专家工作委员
会组编. -- 北京 : 中国水利水电出版社，2023.11
 ISBN 978-7-5226-1954-5

 Ⅰ. ①配… Ⅱ. ①国… ②带… Ⅲ. ①配电系统—带
电作业—图集 Ⅳ. ①TM727-64

 中国国家版本馆CIP数据核字（2023）第232131号

书　　名	配网带电作业系列图册 **工器具操作技能** GONGQIJU CAOZUO JINENG
作　　者	国网江苏省电力有限公司技能培训中心 带 电 作 业 专 家 工 作 委 员 会　组编
出版发行	中国水利水电出版社 （北京市海淀区玉渊潭南路1号D座　100038） 网址：www.waterpub.com.cn E-mail：sales@mwr.gov.cn 电话：（010）68545888（营销中心）
经　　售	北京科水图书销售有限公司 电话：（010）68545874、63202643 全国各地新华书店和相关出版物销售网点
排　　版	中国水利水电出版社微机排版中心
印　　刷	天津嘉恒印务有限公司
规　　格	184mm×260mm　16开本　6.25印张　158千字
版　　次	2023年11月第1版　2023年11月第1次印刷
印　　数	0001—2000册
定　　价	**90.00元**

《配网带电作业系列图册》编委会

主　　任：郭海云

成　　员：高天宝　杨晓翔　蒋建平　牛　林　曾国忠　孙　飞
　　　　　郑和平　高永强　李占奎　陈德俊　张　勇　周春丽

《工器具操作技能》编写组

主　　编：傅洪全　邵　九

副主编：邓建军　蒋建平　陈　曦　辛　辰　马　骏

成　　员：孟晓承　姜　坤　张志锋　何晓亮　林土方　王德海
　　　　　秦　虎　周照泉　曾国忠　田茂学　唐静雅　井　洋
　　　　　杨茗茗　周　磊　赵　毅　袁　欣　陈　方　朱　翔
　　　　　徐志强　沈国庆　庄小东　郁连洲　武晓红　曹小明
　　　　　杨　腾　张怡韬　杨李星

随着全社会对供电可靠性要求的不断提高和我国城镇化的快速发展，配电带电作业逐渐成为提高供电可靠性不可或缺的手段，我国先后开展了绝缘杆带电作业、绝缘手套带电作业等常规配电线路带电作业项目，以及配电架空线路不停电作业、电缆线路不停电作业等较复杂的带电作业项目。作业量的增加对带电作业从业队伍提出了更高的要求，而培养一名合格的带电作业人员，体系化的培训是必不可少的。然而，对于每一名带电作业人员而言，实训不能从零认知开始。如何在现场实训之前对操作的要点、规范的行为获得感性的认知，借助什么样的教材去让作业人员进一步理解、固化现场培训之后的操作要领和技艺，并让规范的操作形成职业习惯——这是带电作业领域一直重视的问题。

带电作业专家工作委员会的专家们对解决上述问题的重要性、迫切性形成共识。在 2016 年度工作会议上做出了编写带电作业系列图册、录制视频教学片的决定并成立了编委会，随后将其正式列入工作计划。2021 年 12 月 30 日，《配网带电作业系列图册》成功入选"十四五"国家重点图书出版规划项目，率先开启带电作业专家与相关单位参与国家重点出版项目的新篇章。在《常用项目操作技能》《配电线路旁路作业操作技能》《车辆操作技能》《安全防护与遮蔽操作技能》完成的基础上，国网江苏省电力有限公司技能培训中心、带电作业专家工作委员会继续组织相关专家完成《工器具操作技能》图册，该系列的《检测技能》《登高与吊装作业技能》也将相继出版。

在本分册的编写过程中，我们追求知识性、直观性、趣味性的统一，力求达到文字、工程语言（设备、工具状态）、肢体语言（操作者的动作）的完美结合。在具体创作形式上，利用线描图简单、准确的特点展现工器具的结构，"定格"工器具使用场景；对工器具的用途、使用步骤、注意事项等附文字表述，给读者提供多形式、多方位、多视角的作业现场场景再现。全书图文并茂、简单直观、条理清晰，能够让新从业人员看得懂、学得会、掌握快、印象深。与《配网带电作业系列图册》其他分册相辅相成，构成了系统的配网带电作业生产现场专业技能培训教材体系。

由于线描图方式是我们本系列图册的独创形式，且同类书籍较少、描图水平局限等原因，图册中难免出现对重要作业环节、关键描述不足、绘画笔画要素运用不当等情况。希望广大同行及读者多提宝贵建议，以便我们在陆续编辑出版的系列分册中改进和完善。

最后，希望广大一线员工把该书作为带电作业的工具书、示范书，切实增强安全意识，不断规范作业行为，确保高效完成各项工作任务，为电网科学发展做出新的更大贡献。

带电作业专家工作委员会

2023 年 10 月

目　录

第1章

绝缘操作工具

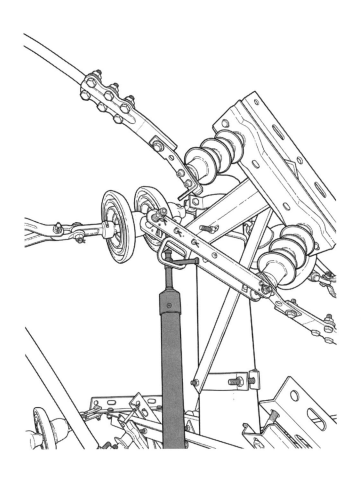

1. 硬质绝缘操作工具使用前的检查与检测

（1）绝缘层外观检查，不得有深度划痕、折痕、裂痕、绝缘层老化剥落等机械损伤情况，不得有电击穿或爬弧痕迹。

（2）金属部件不得有断裂、严重变形、严重锈蚀、松动、活动受限、缺损等情况。

（3）绝缘部件的沿面绝缘电阻检测。

（4）绝缘工具的功能性完整程度检查。

2. 检查与检测步骤

（1）手持绝缘操作工具，全方位观察工器具表面的损伤情况，并使用干净毛巾擦拭。

（2）手动操作工具，检查绝缘工具的功能性情况。

（3）正确使用绝缘摇表，测量绝缘部件沿面电阻值。

3. 检查、检测标准适用文件

（1）GB 13398—2008 带电作业用空心绝缘管、泡沫填充绝缘管和实心绝缘棒。

（2）GB/T 10387—2000 带电作业工具基本技术要求与设计导则。

（3）Q/GDW 10520—2016 10kV 配网不停电作业规范。

1.1　绝缘操作杆

【工具结构】

图 1-1　绝缘操作杆外观图

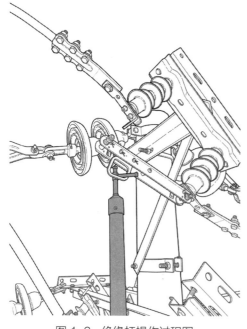

图 1-2　绝缘杆操作过程图

【用途】

用于架空配电线路导线和带电设备的拉开、合闸、旋转操作。

【使用步骤】

（1）手持绝缘操作杆对柱上带电设备进行拉开、合闸、旋转操作，并对人体与带电体之间形成绝缘距离大于 0.7m。

（2）手握绝缘操作杆，从下向上将绝缘操作杆头部伸向待操作设备，手握安全长度标示，人体与带电体保持安全距离，对设备进行拉开、合闸操作。

（3）手握绝缘操作杆安全长度标识处，将绝缘操作杆头部伸向待操作设备，以绝缘杆轴为轴心，沿轴心方向用力旋转，对设备进行操作。

【注意事项】

（1）绝缘杆安全长度为扣除金属连接部分后的长度之和。

（2）手握绝缘杆的有效绝缘长度不应小于0.7m，否则操作人员存在触电危险。

1.2 绝缘夹钳

【工具结构】

图 1-3 绝缘夹钳外观图

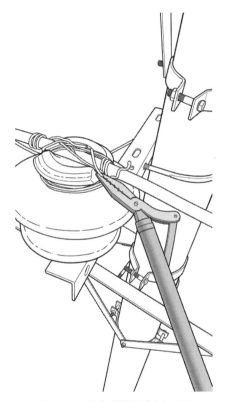

图 1-4 绝缘夹钳操作过程图

【使用步骤】

（1）推动绝缘夹钳操作手柄将钳口张开，手握绝缘手柄将钳口伸至待夹取绑扎线旁边。

（2）拉动绝缘夹钳的操作手柄，将钳口卡在绑扎线上，并闭锁，牢固加紧绑扎线，并保持带电绑扎线与接地体的安全距离。

（3）手持绝缘夹钳手柄将绑扎线从带电设备上脱离。

（4）其他较小物品的加持与固定，参照移除绑扎线的方式。

【危险点】

（1）手握绝缘杆手柄与钳口的有效绝缘长度小于 0.7m，造成人员有触电危险。

（2）移除绑扎线过程用力过猛导致绑扎线弹跳，引起带电体和接地体安全距离不足，造成单相接地。

（3）移除其他较小物件时，加持不紧造成掉落伤人。

【用途】

用于配电线路绝缘杆作业法带电夹持并固定较细的引线、导线、绑线以及较小的线路部件，也可用于重量较轻的软质绝缘遮蔽罩的加持。

1.3　故障指示器安装工具

【工具结构】

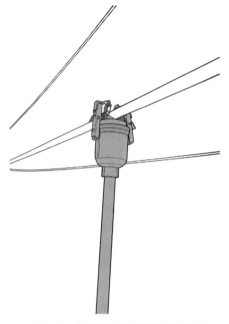

图 1-5　故障指示器安装工具外观

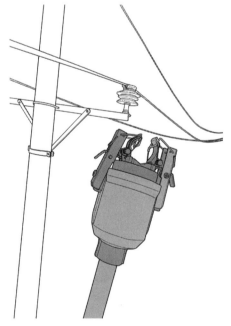

图 1-6　故障指示器安装工具使用过程图

【用途】

用于配电线路绝缘杆作业法在架空线上安装故障指示器。

【使用步骤】

（1）打开故障指示器安装工具的挂钩，将故障指示器固定在安装槽内，并将故障指示器的卡簧锁定在挂钩上。

（2）上举绝缘杆将故障指示器卡簧顶在带电导线上，用力上顶故障指示器安装工具使挂钩打开，将故障指示器卡簧固定在导线上，完成安装。

【危险点】

（1）用力过大，造成导线剧烈晃动，可能带来短路、接地或导线脱落风险。

（2）手握绝缘杆有效绝缘长度小于0.7m，造成人员有触电危险。

1.4 绝缘套筒操作杆

【工具结构】

图 1-7 绝缘套筒操作杆外观图

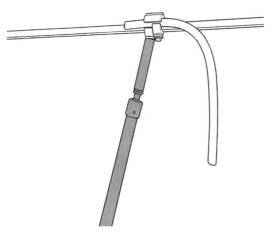

图 1-8 绝缘套筒操作杆使用过程图

【用途】

用于配电线路绝缘杆作业法，带电松、紧线夹、跌落式熔断器、避雷器等柱上设备部件的螺栓。

【使用步骤】

（1）将绝缘套筒固定在绝缘操作杆上。

（2）手握绝缘杆将绝缘套筒伸至待松紧螺丝旁。

（3）将绝缘套筒套在螺帽上，以绝缘杆纵向轴心为用力方向，用力旋转，将螺栓进行旋紧固定或旋松拆除。

【危险点】

（1）用力过大，造成导线大幅晃动，可能带来相间短路或接地危险。

（2）螺帽拆除时，容易掉落。

（3）手握绝缘杆的有效绝缘长度小于0.7m，造成人员有触电危险。

1.5　绝缘杆式并沟线夹夹持器

【工具结构】

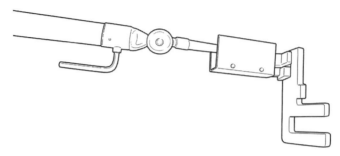

图 1-9　绝缘杆式并沟线夹夹持器

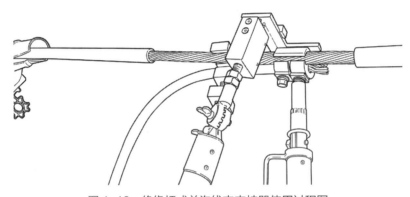

图 1-10　绝缘杆式并沟线夹夹持器使用过程图

【用途】

　　用于配电线路绝缘杆作业法带电断、接引工作中，用以安装或拆除并沟线夹。

【使用步骤】

　　（1）接引线时，旋转绝缘杆将并沟线夹夹持器夹口打开，将并沟接引线夹安装在夹口内，调整并沟线夹固定螺栓的长度，适度打开线夹开口。

　　（2）手握绝缘杆安全距离标识处，将并沟线夹放置在带电主导线接引位置，使用绝缘工具配合将待接引线穿至并沟线夹另一侧开口内，并

使引线端头与主导线方向保持水平一致。

　　（3）使用绝缘杆螺栓固定工具紧固并沟线夹的螺栓，将引线固定在主导线上，达到通流的目的。

　　（4）断引线时，顺序与接引线操作顺序相反。

【危险点】

　　（1）手握绝缘杆的有效绝缘长度小于0.7m，造成人员有触电危险。

　　（2）并沟线夹未与线夹安装工具固定牢固，线夹掉落。

1.6 绝缘杆断线剪

【工具结构】

图 1-11 绝缘杆断线剪外观图

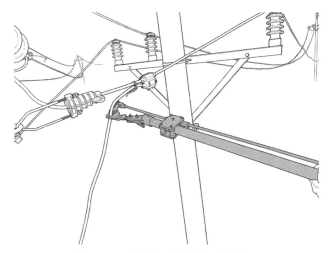

图 1-12 绝缘杆断线剪使用过程图

【用途】

用于配电线路绝缘杆作业法带电远距离切断导线、引流线等作业。

【使用步骤】

（1）手握绝缘杆断线剪操作手柄将金属剪口打开。

（2）手握绝缘杆断线剪手柄，将剪口伸至待剪断导线处，并卡在导线待剪断处。

（3）拉动操作手柄或者操作绳，将金属剪口逐步收紧，直至剪断带电导线。

【危险点】

（1）手握绝缘杆的有效绝缘长度小于0.7m，造成人员有触电危险。

（2）开断导线的断口两侧需做好防导线断头脱落和摆动措施，防止断线掉落短接带电体和接地体，造成接地或短路事故。

（3）绝缘杆断线剪向导线施加力量，导致带电导线距离接地体距离不足，造成接地事故。

1.7　绝缘杆式导线清扫刷

【工具结构】

图 1-13　绝缘杆式导线清扫刷外观图

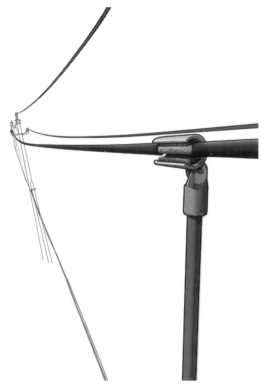

图 1-14　绝缘杆式导线清扫刷使用过程图

【用途】

用于配电线路绝缘杆作业法对导线金属氧化层进行带电清扫。

【使用步骤】

（1）将导线清扫刷安装在绝缘杆上，并调整好清扫刷角度。

（2）上举绝缘杆将清扫刷卡在导线上，顺线路方向左右反复移动，或垂直导线适度旋转，摩擦导线直至金属氧化层清除干净。

【危险点】

（1）手握绝缘杆的有效绝缘长度小于0.7m，造成人员有触电危险。

（2）清扫下来的氧化层处理不当形成导电回路。

1.8 硬质绝缘紧线器

【工具结构】

图 1-15 硬质绝缘紧线器外观图

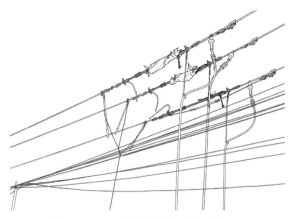

图 1-16 硬质绝缘紧线器使用过程图

【用途】

采用绝缘手套、绝缘杆作业法，将硬质绝缘紧线器安装在导线上，用于收紧导线，保障下一步带电作业的安全。

【使用步骤】

（1）将硬质绝缘紧线器伸长至最大长度，然后回缩五分之一长度。

（2）将紧线器安装在带电导线待断开点的两侧，必须配合后备保护措施使用。

（3）摆动硬质绝缘紧线器手柄，缓慢收紧导线，根据弧垂变化拉紧导线，使断开点导线拱起弧度满足要求，停止收紧导线后将后备保护措施轻微受力。

【危险点】

（1）未设置后备保护措施，带电导线滑脱后落地，造成事故。

（2）操作硬质绝缘紧线器用力过大，造成导线剧烈晃动，带来短路或接地危险。

（3）紧线器初始位置未预留伸缩余量，恢复导线连接时紧线器长度不足。

（4）导线过牵引，造成相邻电杆导线脱落，或者导线接续线夹断开。

1.9　绝缘扎线剪

【工具结构】

图 1-17　绝缘扎线剪外观图

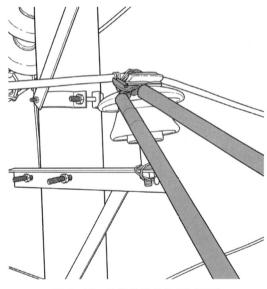

图 1-18　绝缘扎线剪使用过程图

【用途】

　　用于配电线路绝缘杆作业法带电剪断绑扎线、去除线路异物等作业。

【使用步骤】

　　（1）手握绝缘扎线剪两个绝缘杆手柄，做剪切动作，将刀口张开。

　　（2）手持绝缘柄将绝缘扎线剪刀口卡待剪断绑扎线位置，做剪切动作收紧刀口，直至将绑扎线剪断。

【危险点】

　　（1）绑扎线断头过长，造成导线与横担接地事故。

　　（2）手握绝缘杆的有效绝缘长度小于0.7m，造成人员有触电危险。

1.10　绝缘三齿耙

【工具结构】

图 1-19　绝缘三齿耙外观图

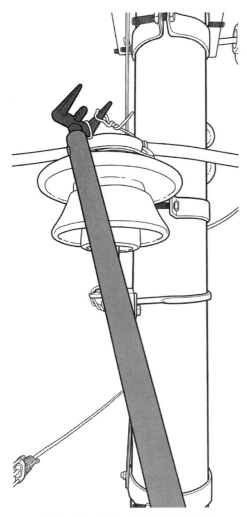

图 1-20　绝缘三齿耙使用过程图

【用途】

用于配电线路绝缘杆作业法对针式绝缘子进行绑扎。

【使用步骤】

（1）在针式绝缘子不带电的情况下将绑扎线固定在绝缘子顶裙，首先将绑扎线对称对折为双股，然后打开双股绑扎线在绝缘子顶裙缠绕一圈，最后将两个相同长度的尾线扭两圈麻花，麻花尾线方向向上放置在顶槽一侧。

（2）将带电导线放置在针式绝缘子顶槽内，手持绝缘杆将三齿耙齿穿在绑扎线端头的孔内，向上并拉紧绑扎线。

（3）使用三齿耙拉紧绑扎线，从针式绝缘子一侧的导线下方斜向上绕过绝缘子顶端，然后从绝缘子对角的另一侧将绑扎线拉下来缠绕在导线上。

（4）同样手法，将另一根绑扎线缠绕在导线，完成绑扎线固定。

【危险点】

（1）绑扎线与接地体的安全距离不足0.4m，造成导线与横担接地。

（2）手握绝缘杆的有效绝缘长度小于0.7m，造成人员有触电危险。

1.11　射枪式绝缘操作杆

【工具结构】

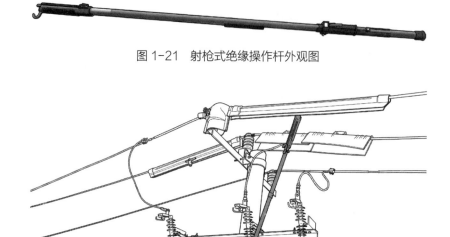

图 1-21　射枪式绝缘操作杆外观图

图 1-22　射枪式绝缘操作杆使用过程图

【用途】

　　用于配电线路绝缘杆作业法将绝缘遮蔽罩安装在架空导线上。

【使用步骤】

　　（1）上推绝缘射枪杆操作手柄，将顶端的挂钩伸出，将挂钩穿入绝缘遮蔽罩的固定孔中，下拉操作手柄，绝缘射枪杆挂钩缩入杆体，将绝缘遮蔽罩固定在绝缘射枪杆顶端。

　　（2）上举绝缘射枪杆，将绝缘遮蔽罩套在带电架空导路上，下拉操作手柄松开挂钩。

【危险点】

　　（1）挂钩未固定到位，造成绝缘遮蔽罩掉落。

　　（2）进行下拉手柄操作时，手握绝缘杆的有效绝缘长度小于 0.7m，造成人员有触电危险。

1.12 绝缘断线剪

【工具结构】

图 1-23 绝缘断线剪外观图

【用途】

用于配电线路绝缘杆作业法带电切断导线、引流线、导线异物等作业。

【使用步骤】

（1）手持断线剪绝缘手柄，做剪切动作，将金属剪口张开并卡在导线上。

（2）将力量作用在绝缘手柄上，做剪切动作，运用杠杆原理用收紧金属剪口，直至将导线剪断。

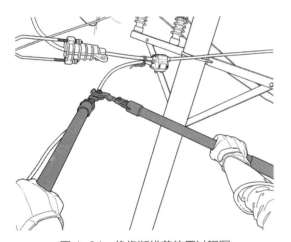

图 1-24 绝缘断线剪使用过程图

【危险点】

（1）手握绝缘手柄的有效绝缘长度不足0.7m，造成人员有触电危险。

（2）导线未固定，断线掉落造成短路事故。

（3）绝缘断线剪向导线施加力量，导致带电导线距离接地体距离不足，造成接地事故。

1.13 绝缘绕线器

【工具结构】

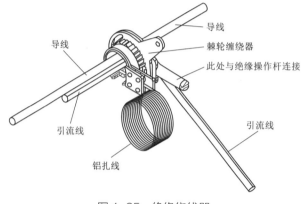

导线

导线

棘轮缠绕器

此处与绝缘操作杆连接

引流线

引流线

铝扎线

图 1-25 绝缘绕线器

【用途】

用于配电线路绝缘杆作业法带电绑扎引线或修补导线。

【使用步骤】

（1）将绝缘绕线器安装在绝缘杆上，并固定。

（2）旋转拔叉开口与内筒开口一致，将盘成圈的绑扎线穿入绕线器导线板内。

（3）手握绝缘杆安全标识处举起绝缘绕线器卡在导线上，拉动操作杆拔叉使棘轮旋转带动导线板呈顺时针旋转，将绑扎线缠绕在导线上。

（4）缠绕结束后将拔叉开口操作至内筒开口处，取下缠绕器。

【危险点】

（1）手握绝缘杆的有效绝缘长度小于0.7m，造成人员有触电危险。

（2）绑扎线对接地体的安全距离小于0.4m，与相邻带电体间安全距离小于0.6m，造成短路。

1.14 吸附式防鸟器绝缘杆安装工具

【工具结构】

图 1-26 吸附式防鸟器绝缘杆安装工具外观图

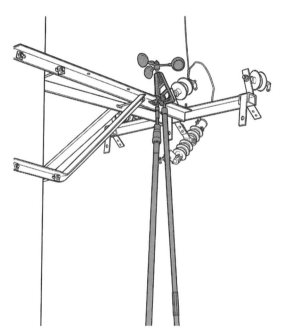

图 1-27 吸附式防鸟器绝缘杆安装工具使用过程图

【用途】

用于配电线路绝缘杆作业法对防鸟器进行安装。

【使用步骤】

（1）手动将驱鸟器安装在吸附式防鸟器绝缘杆安装工具顶端。

（2）手握绝缘杆安全距离标识处，上举吸附式防鸟器绝缘杆安装工具将驱鸟器安装横担上，紧固杆配合将驱鸟器安装螺栓紧固在横担上。

【危险点】

（1）手握绝缘操作杆的有效绝缘长度小于0.7m，造成人员有触电危险。

（2）驱鸟器螺栓未紧固，掉落。

1.15 绝缘双头锁杆

【工具结构】

图 1-28 绝缘双头锁杆外观图

图 1-29 绝缘双头锁杆使用过程图

【用途】

用于配电线路绝缘杆作业法，临时固定引线在架空主导线上，使空载线路带电，辅助完成断、接引流线带电作业。

【使用步骤】

（1）接引线工作：打开绝缘双头锁杆两侧导线固定卡口，手动将已剥除绝缘层的待接引线固定在绝缘双头锁杆的引线固定卡口。

（2）手握绝缘双头锁杆下端安全距离标识处，将引线临时搭接在已剥除绝缘层的架空主导线上，使空载线路带电。

（3）旋转绝缘杆，收紧双头锁杆主导线卡口，将引线固定在架空主导线上。

（4）断引线工作，操作顺序与上述步骤相反。

【危险点】

（1）人体与带电体的安全距离小于0.4m，造成人员有触电危险。

（2）空载线路接地，短路电弧伤人。

（3）引线固定不可靠，掉落造成短路。

1.16 绝缘杆式导线剥皮器

【工具结构】

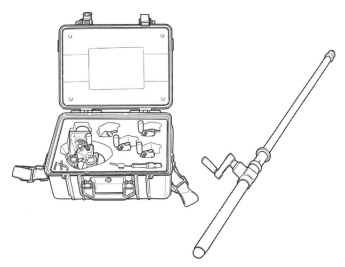

图 1-30 绝缘杆式导线剥皮器外观图

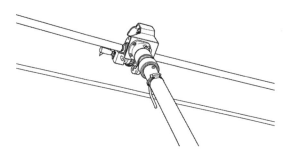

图 1-31 绝缘杆式导线剥皮器使用过程图

【用途】

用于配电线路绝缘杆作业法带电剥除绝缘导线的绝缘层。

【使用步骤】

（1）打开绝缘杆式导线剥皮器刀头的卡线口开关，将卡扣打开。

（2）手握绝缘杆式导线剥皮器下端安全距离标识处，将绝缘杆式导线剥皮器卡在架空绝缘导线上，并锁好卡扣，根据绝缘层厚度使用绝缘杆调整刀头尺寸。

（3）旋转操作机构，转动剥皮器刀头剥除绝缘导线的绝缘层。

（4）打开卡扣，将绝缘杆式导线剥皮器从架空导线上脱离。

【危险点】

（1）手握绝缘杆的有效绝缘长度不足0.7m，造成人员有触电危险。

（2）卡扣未正确闭锁，刀头卡死。

（3）绝缘层厚度不标准，刀头无法剥除绝缘层。

1.17 导线剥皮器

【工具结构】

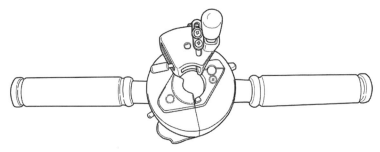

图 1-32 导线剥皮器外观图

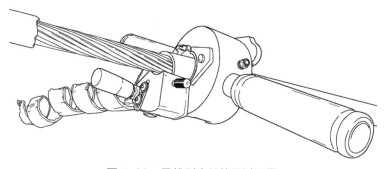

图 1-33 导线剥皮器使用过程图

【用途】

用于绝缘手套作业法带电作业时剥除绝缘导线绝缘外皮。

【危险点】

（1）导线剥皮器掉落伤人。

（2）绝缘层厚度不标准，刀头无法剥除绝缘层。

【使用步骤】

（1）手握导线剥皮器，打开闭锁装置，相反方向拉动两端手柄或转动手柄，将导线剥皮器卡线口打开。

（2）手持导线剥皮器卡在绝缘导线上，并锁紧闭锁机构。

（3）根据绝缘层厚度调整导线剥皮器刀头位置，转动导线剥皮器剥除绝缘导线绝缘层。

1.18 绝缘支线杆

【工具结构】

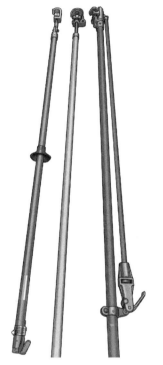

图 1-34 绝缘支线杆外观图

【用途】

用于配电线路绝缘杆作业法固定引线或导线。

【使用步骤】

（1）如果引线不带电，将绝缘支线杆钳口打开，手持穿入钳口后进行固定，手持绝缘杆将引线伸至作业位置，完成操作。

（2）如果引线带电，则将绝缘支线杆钳口打开后，手握绝缘杆安全距离标识处将钳口卡在带电引线上，操作绝缘杆手柄将钳口锁紧，牢牢将引线进行固定。

（3）固定带电导线防止摆动时，方法参照固定带电引线的方法。

【注意事项】

（1）手握绝缘杆的有效绝缘长度不应小于0.7m，以免人身有触电危险。

（2）使用前应进行外观检查并检测绝缘电阻，阻值应不小于700MΩ。

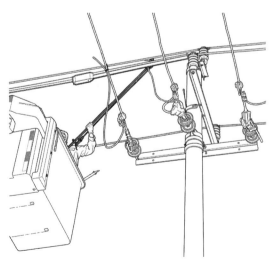

图 1-35 绝缘支线杆使用过程图

1.19　绝缘杆安装绝缘导线穿刺线夹电动工具

【工具结构】

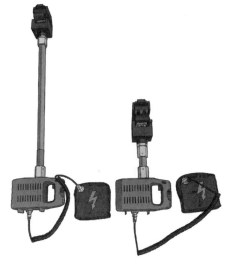

图 1-36　绝缘杆安装绝缘导线穿刺线夹
电动工具外观图

【用途】

　　用于配电线路绝缘杆作业法在架空导线上安装穿刺线夹。

【使用步骤】

　　（1）电动穿刺线夹安装工具同时适用于绝缘杆作业法和绝缘手套作业法。

　　（2）将穿刺线夹放置在安装工具槽内，并进行固定。

　　（3）手持穿刺线夹安装工具将线夹放置在带电主导线上，使用辅助工具将引线传入穿刺线夹另一个槽内。

　　（4）按动遥控开关，电动穿刺线夹安装工具动作，将穿刺线夹螺栓旋紧，将引线牢固固定在主导线上。

【危险点】

　　（1）穿刺线夹未正确放置在线夹安装工具槽内，造成电动线夹安装工具无法牢靠固定。

　　（2）电池电量不足，造成穿刺线夹螺栓固定力量不足。

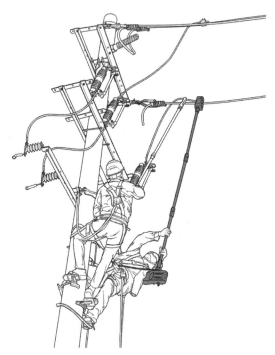

图 1-37　绝缘杆安装绝缘导线穿刺线夹
电动工具操作过程图

1.20　新型引线固定杆

【工具结构】

图 1-38　新型引线固定杆外观图

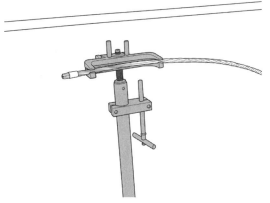

图 1-39　新型引线固定杆使用过程图

【用途】

　　用于配电线路绝缘杆作业法对引线进行固定。

【使用步骤】

　　（1）新型引线固定杆在架空线路接引线过程中，水平固定引线辅助于接引线夹进行固定。

　　（2）旋转绝缘杆，将新型引线固定杆的引线卡口打开。

　　（3）将待接引线水平固定在新型引线固定杆的导线卡口内，旋转绝缘杆进行固定。

　　（4）作业人员手握绝缘杆下端安全距离标识处，上举引线至带电主导线位置，辅助接引线夹完成接引工作。

【危险点】

　　（1）人体与带电体的安全距离小于0.4m，造成人员有触电危险。

　　（2）引线未可靠固定，掉落造成短路。

　　（3）旋转机构未闭锁，接引过程中角度偏离，造成无法接引。

1.21 防熔丝跌落绝缘工具

【工具结构】

图 1-40 防熔丝跌落绝缘工具外观图

【用途】

用于配电线路临时固定带电跌落式熔断器动触头，防止意外脱落。

【危险点】

（1）瓷柱断裂，造成接地短路。

（2）勾挂动作剧烈，造成熔管意外掉落。

【使用步骤】

（1）防熔丝跌落绝缘工具用在带电带负荷更换跌落式熔断器工作中，将熔管进行固定，防止熔管意外跌落产生电弧放电。

（2）观察跌落式熔断器磁柱是否有裂纹。

（3）手持绝缘杆将防熔丝跌落绝缘工具的上钩勾在磁柱上，向下拉绝缘杆将下钩勾在熔管上，利用上钩的回弹力将熔管固定。

第 2 章

绝缘承力工具

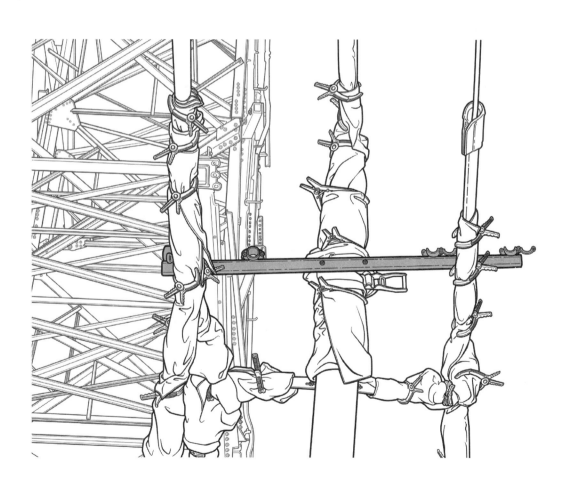

本章所列的绝缘承力工具，通常指其在使用中，同时承受"力"和"电"的作用，即"机电联合负载"，本章中约定其按产品使用说明书要求的电气、机械试验标准同时受 DL/T 976—2017《带电作业工具、装置和设备预防性试验规程》条文约束，即称为绝缘承力工具。

使用前的检查与检测，一般先做外观检查，表面无明显裂纹、破损，按使用状态组装后操作灵活无卡涩；然后，绝缘操作杆、绝缘绳索类工具使用绝缘电阻表（配标准电极）点测有效绝缘部位的绝缘电阻，阻值应不小于 700MΩ；载人平台或人身后备防护用具加做冲击检查。

2.1　绝缘蜈蚣梯

【工具结构】

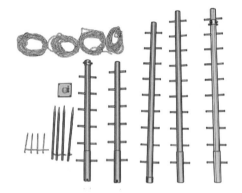

图 2-1　绝缘蜈蚣梯外观图

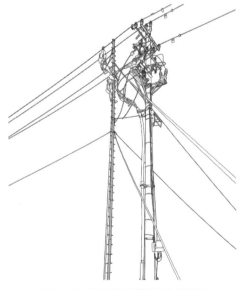

图 2-2　绝缘蜈蚣梯使用过程图

【用途】

人工现场组装的绝缘平台，作为"自持动力绝缘平台"无法到位环境下的一种替代选择，一般用于配电网带电断接引线、更换简单线路元件（隔离开关等）等场景。

【使用步骤】

（1）配电网用绝缘蜈蚣梯（也称为独脚爬梯）由多节绝缘管材现场组装整体起立而成，按使用高度需求同时配合多道绝缘拉绳使用，一般为四方扳，为抗挠曲要求每段延伸节加一道拉绳。

（2）攀登过程中，应配合人身后备保护绳同步使用。

（3）主受力拉绳桩宜设专人看守。

【注意事项】

（1）组立后应做受力冲击检查。

（2）使用前检测绝缘电阻，阻值应不小于700MΩ。

（3）梯上有人时禁止调整拉绳。

2.2　绝缘单抱杆

【工具结构】

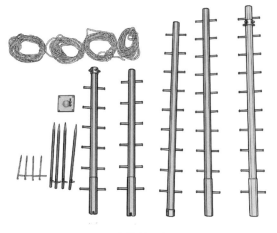

图 2-3　绝缘单抱杆外观图

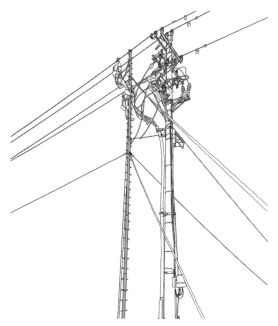

图 2-4　绝缘单抱杆使用过程图

【用途】

独脚爬梯类绝缘蜈蚣梯，人工现场组装的绝缘平台，作为"自持动力绝缘平台"无法到位环境下的一种替代选择，一般用于配电网带电断接引线、更换简单线路元件（隔离开关等）等场景。

【使用步骤】

配电网带电作业常见绝缘单抱杆为绝缘斗臂车吊机附件，按产品使用说明书规定的额定载荷使用，不赘述。此处为独脚爬梯。

（1）配电网用绝缘蜈蚣梯（独脚爬梯）由多节绝缘管材现场组装整体起立而成，按使用高度需求同时配合多道绝缘拉绳使用，一般为四方扳，为抗挠曲要求每段延伸节加一道拉绳。

（2）攀登过程中，应配合人身后备保护绳同步使用。

（3）主受力拉绳桩宜设专人看守。

【注意事项】

（1）组立后应做受力冲击检查。

（2）使用前检测绝缘电阻，阻值应不小于700MΩ。

（3）梯上有人时禁止调整拉绳。

2.3　绝缘吊支杆

【工具结构】

图 2-5　绝缘吊支杆外观图

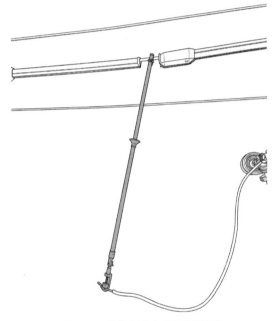

图 2-6　绝缘吊支杆使用过程图

【用途】

　　配电网带电作业中常用于临时控制带电导线、引线的状态或运动轨迹，以保持作业中足够的相间、对地安全距离，一般用于配电网带电断接引线等场景。

【使用步骤】

　　配电网用绝缘吊支杆（配鹰爪钳等）钳口套入导线，旋转操作杆锁紧导线，反方向旋转松脱导线。

【注意事项】

　　（1）按规定使用，最小有效绝缘长度应大于 0.7m。

　　（2）使用前外观检查并检测绝缘电阻，阻值应不小于 700MΩ。

2.4 电杆用绝缘横担

【工具结构】

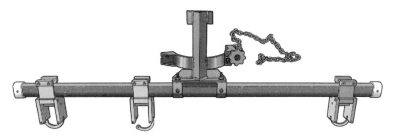

图 2-7 电杆用绝缘横担外观图

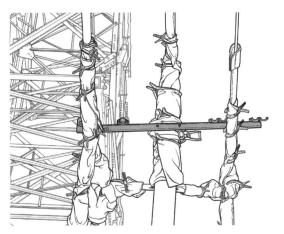

图 2-8 电杆用绝缘横担使用过程图

【用途】

配电网带电作业中一般用于临时转移导线时的承载支撑，常用于更换直线装置、直线改耐张等场景。

【使用步骤】

（1）一般情况下，先完成绝缘遮蔽再于合适位置（足够间隙且便于转移导线）安装绝缘横担。

（2）绝缘横担用于转移带电导线时，必须预估垂直荷载，防止横担受力不均倾斜过多。

（3）导线支座保险开合宜使用绝缘操作杆进行。

【注意事项】

（1）用链条紧固的绝缘横担安装时必须控制过长的金属链条侵犯间隙。

（2）使用前外观检查并检测绝缘电阻，阻值应不小于 700MΩ。

2.5　电杆用绝缘偏担

【工具结构】

图 2-9　电杆用绝缘偏担外观图

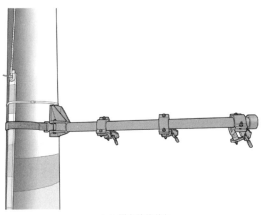

（a）固定绝缘偏担

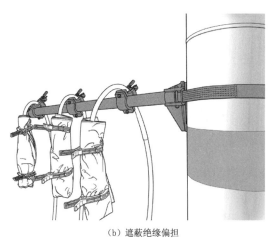

（b）遮蔽绝缘偏担

图 2-10　电杆用绝缘偏担使用过程图

【用途】

　　配电网带电作业中的常见旁路作业，用于支撑承受旁路电缆垂直荷载，亦可用于转移导线时的临时承载。

【使用步骤】

　　（1）一般情况下，先完成绝缘遮蔽再于合适位置安装绝缘偏担。

　　（2）绝缘偏担使用前必须预估综合垂直荷载，防止横担受力超限，必要时安装多道联合承载。

　　（3）导线支座保险开合宜使用绝缘操作杆进行。

【注意事项】

　　（1）用链条紧固的绝缘横担安装时必须控制过长的金属链条侵犯间隙。

　　（2）使用前外观检查并检测绝缘电阻，阻值应不小于 700MΩ。

2.6 绝缘支撑杆

【工具结构】

图 2-11 绝缘支撑杆外观图

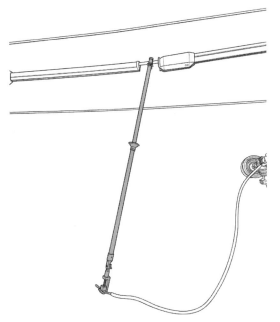

图 2-12 绝缘支撑杆使用过程图

【用途】

配电网带电作业中常用于临时固化两相（根）导线间的距离,亦可用于引流线的临时支撑。

【使用步骤】

（1）配电网用绝缘支撑杆用于固定线间距离时，将支撑杆两端套入导线，固定牢靠。

（2）配电网用绝缘支撑杆用于支撑引流线时，将支撑杆固定在横担上，纳入引流线固定牢靠。

【注意事项】

（1）按规定使用，最小有效绝缘长度应大于 0.7m。

（2）使用前外观检查并检测绝缘电阻，阻值应不小于 700MΩ。

2.7　绝缘拉杆

【工具结构】

图 2-13　绝缘拉杆外观图

【用途】

　　配电线路带电作业中承载临时转移的水平张力或垂直荷载，常用于更换耐张绝缘子等场景。

【使用步骤】

　　绝缘拉杆（多功能抱杆，羊角抱杆等）于杆上合适位置安装牢固，摇动转臂或收紧滑车组靠近或勾住导线后，转移导线。

【注意事项】

　　（1）按使用说明书规定的额定载荷使用，一般不超过 1000N。

　　（2）使用前外观检查并检测绝缘电阻，阻值应不小于 700MΩ。

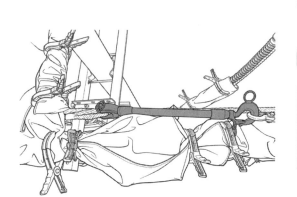

图 2-14　绝缘拉杆使用过程图

2.8　绝缘人字梯

【工具结构】

图 2-15　绝缘人字梯

【用途】

配电线路带电作业中一般用于满足离地
2~6m 作业要求的载人平台，常用于柱上台架和
变电站 10kV 出线穿墙套管处等场景。

【使用步骤】

配电网用绝缘人字梯必须装设在平整硬实
地面，配合防开保险绳使用，必要时侧方加装防
倾拉绳。

【注意事项】

（1）按使用说明书规定的额定载荷使用，
一般不超过 1000N。

（2）使用前外观检查并检测绝缘电阻，阻
值应不小于 700MΩ。

2.9　绝缘绳套

【工具结构】

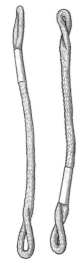

图 2-16　绝缘绳套外观图

【用途】

配电线路带电作业中一般用于转移水平荷载或承受垂直荷载时的绝缘中间件。

【使用步骤】

绝缘绳套由锦纶、芳纶等绝缘材料根据需求预制成固定形制和尺寸，使用时套接或环接后受力。

【注意事项】

（1）承受机电联合负载时，最小有效绝缘长度应大于 0.4m。

（2）按使用说明书规定的额定载荷使用。

（3）使用前外观检查并检测绝缘电阻，阻值应不小于 700MΩ。

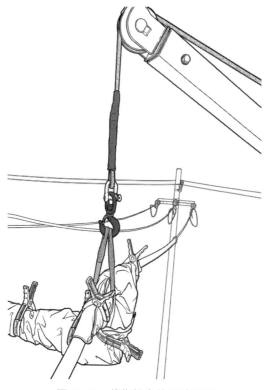

图 2-17　绝缘绳套使用过程图

2.10 后备保护绳

【工具结构】

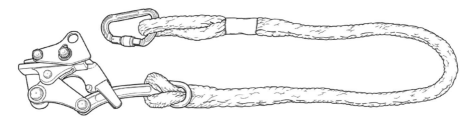

图 2-18 后备保护绳外观图

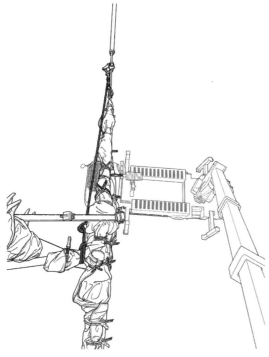

图 2-19 后备保护绳使用过程图

【用途】

分为用于人身和用于设备两类，本章中仅指用于设备。一般用于配电线路带电作业中设备受力临时转换时的状态保持，常用于绝缘子更换、直线装置改耐张装置等场景。

【使用步骤】

后备保护绳由锦纶、芳纶等绝缘材料根据需求预制成固定形制和尺寸，使用时套接或环接后受力。

【注意事项】

（1）承受机电联合负载时，最小有效绝缘长度应大于 0.4m。

（2）按使用说明书规定的额定载荷使用。

（3）使用前外观检查并检测绝缘电阻，阻值应不小于 700MΩ。

2.11　绝缘循环绳

【工具结构】

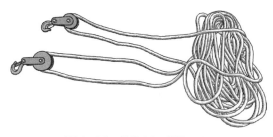

图 2-20　绝缘循环绳外观图

【用途】

配电线路带电作业中一般用于地面人员主动式的物品上传，常见用于较长杆件的传递等场景。

【使用步骤】

绝缘绳穿绝缘滑车后，绳头打平扣，形成绝缘循环绳圈，传递过程中注意分主副绳及长杆件的系点，避免绳结卡滑车影响传递。

【注意事项】

使用前外观检查并检测绝缘电阻，阻值应不小于 700MΩ。

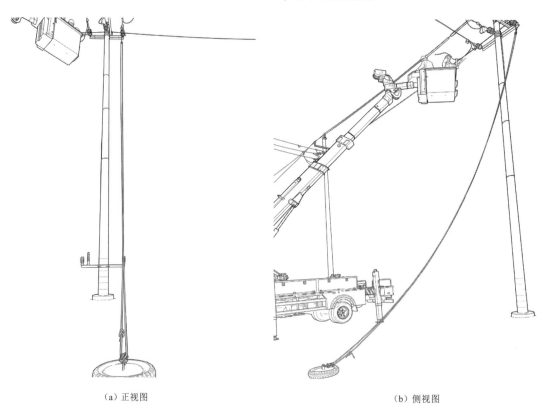

（a）正视图　　　　　　　　　　　　　　（b）侧视图

图 2-21　绝缘循环绳使用过程图

2.12　开关专用吊绳

【工具结构】

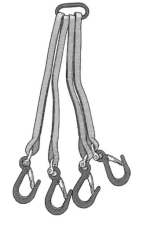

图 2-22　开关专用吊绳外观图

【用途】

　　配电线路带电作业中专用于柱上开关转移中，作为专用吊具抑制起重臂金属部分与带电导线间有足够的空气间隙，以及适应"偏重心"柱上开关的水平起吊转移等场景。

【使用步骤】

　　配电网用开关专用吊绳需根据柱上负荷开关或柱上断路器的重心调配合适长度，结合带电作业需求将吊点控制在合适高度。

【注意事项】

　　按使用说明书规定的额定载荷使用。

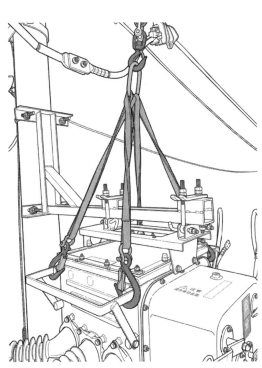

（a）起吊开关示意图

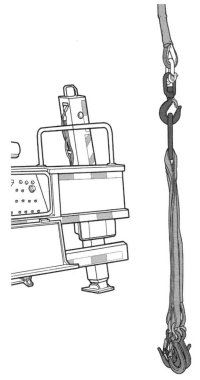

（b）开关专用吊绳连接示意图

图 2-23　开关专用吊绳使用过程图

2.13　多功能绝缘抱杆

【工具结构】

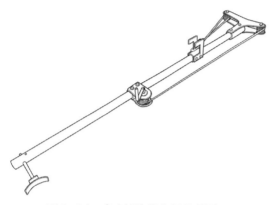

图 2-24　多功能绝缘抱杆外观图

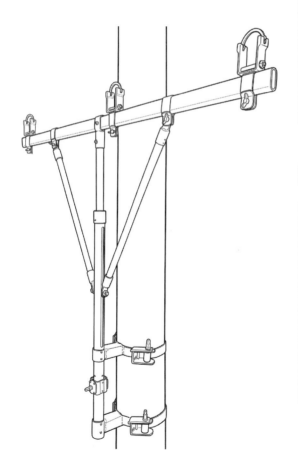

图 2-25　多功能绝缘抱杆使用过程图

【用途】

　　用于配电线路绝缘杆作业法带电更换直线绝缘子，用于起吊导线至安全高度，并形成带电导线与接地体之间的绝缘安全距离。

【使用步骤】

　　（1）作业人员登杆在电杆合适位置（最大动作区域与带电部位不小于 0.7m 空气间隙）安装多功能绝缘抱杆。

　　（2）使用绝缘操作杆配合多功能绝缘抱杆将导线闭锁在卡扣内，使用多种功能的工具（三齿耙、绝缘夹钳等）拆除绑扎线后，继续操作多功能绝缘抱杆升降机构，观测两侧弧垂变化的同时顶升导线直至距原绑扎位置超出 0.4m，腾挪出足够的安全作业空间。

【注意事项】

　　（1）人体与带电体安全距离应不小于 0.4m，硬质绝缘工具最小有效绝缘长度应大于 0.7m。

　　（2）使用前外观检查并检测绝缘电阻，阻值应不小于 700MΩ。

　　（3）拆除和恢复绑扎线时刻注意不侵犯间隙。

　　（4）安装牢固，顶升和下降动作平稳。

　　（5）按使用说明书规定的额定载荷使用。

2.14 绝缘平台

【工具结构】

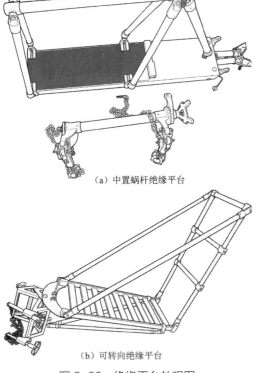

（a）中置蜗杆绝缘平台

（b）可转向绝缘平台

图 2-26 绝缘平台外观图

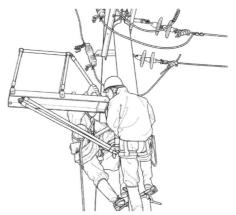

（a）双人配合安装绝缘平台示意图

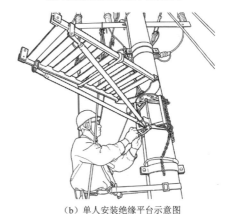

（b）单人安装绝缘平台示意图

图 2-27 绝缘平台使用过程图

【用途】

用于配电线路登杆进行带电作业过程中承载人体和工具重量，在人体与带电体和接地体之间形成绝缘安全距离。

【使用步骤】

（1）作业人员穿戴全套防护用具登杆在电杆合适位置（最大动作区域与带电部位不小于 0.7m 空气间隙）安装绝缘平台，根据作业需要调整绝缘平台方向，然后锁紧转动机构。

（2）作业人员登上绝缘平台，辅助人员打开锁紧机构调整绝缘平台，将作业人员送到预定作业位置，闭锁转动、升降机构。

（3）作业人员在绝缘平台上，通过限位装置对带电体进行作业。

【注意事项】

（1）人体与带电体安全距离应不小于0.4m，硬质绝缘工具最小有效绝缘长度应大于 0.7m。

（2）使用前外观检查并检测绝缘电阻，阻值应不小于 700MΩ。

（3）绝缘平台使用前须进行冲击受力检查。

（4）按使用说明书规定的额定载荷使用。

（5）上下传递物品使用绝缘工具。

2.15　导线卡线器

【工具结构】

图 2-28　导线卡线器外观图

【用途】

　　用于配电线路带电作业时调整弧垂、收紧导线。

【使用步骤】

　　（1）导线卡线器用于承受导线张力，一般配合紧线装置使用。

　　（2）打开闭锁装置卡入导线。

　　（3）顺导线方向推动导线卡线器至预定位置，闭锁后配合紧线装置夹握导线转移张力。

　　（4）拆除时，松紧线装置，打开闭锁，松脱卡线器。

【注意事项】

　　（1）按使用说明书规定的额定载荷使用。

　　（2）按导线型号、截面匹配相应卡线器型号。

2.16　绝缘挂杆

【工具结构】

图 2-29　绝缘挂杆外观图

【用途】

　　用于配电线路使用绝缘杆临时在架空线路上固定引线。

【使用步骤】

　　（1）首先将引线紧固在绝缘挂杆下方的引线固定卡槽内。

　　（2）上举绝缘挂杆，将上端的挂钩挂在带电架空导线上，根据需要将绝缘杆进行伸缩，调整引线与架空导线的距离。

【注意事项】

　　（1）引线应可靠固定，以免掉落造成短路事故。

　　（2）应避免架空导线剧烈晃动，以免绝缘挂杆掉落。

2.17　绝缘脚手架

【工具结构】

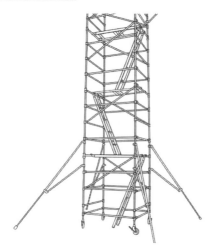

图 2-30　绝缘脚手架外观图

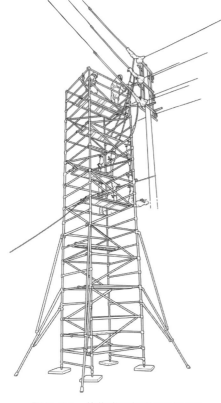

图 2-31　绝缘脚手架使用过程图

【用途】

　　用于配电线路进行带电作业时的一种绝缘载人平台，作为人体与带电体间的绝缘承载工具，人员在绝缘脚手架上对带电线路和设备进行操作。

【使用步骤】

　　（1）根据地形在地面搭建第一层脚手架，稳固、合理地安装斜支撑，保障脚手架作业面的水平、可靠。

　　（2）以第一层脚手架为基础，逐层向上搭建，直至到达作业高度，收紧临时防倾拉绳。

　　（3）人员穿戴全套防护用具在绝缘脚手架上，进入作业位置作业。

【注意事项】

　　（1）最小有效绝缘长度应大于 0.7m。使用前外观检查并检测绝缘电阻，阻值应不小于700MΩ。

　　（2）组装完成后须进行受力冲击检查。

2.18　斗臂车用绝缘横担

【工具结构】

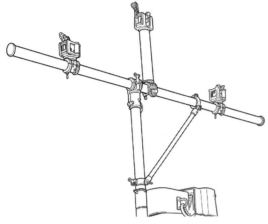

图 2-32　斗臂车用绝缘横担外观图

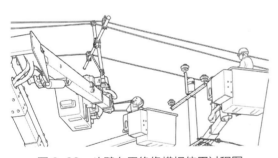

图 2-33　斗臂车用绝缘横担使用过程图

【用途】

利用绝缘斗臂车采用绝缘手套作业法将带电导线固定在绝缘横担专用线槽内，托举三相带电导线至安全距离。

【使用步骤】

（1）斗臂车用绝缘横担借助于绝缘斗臂车的绝缘和升高功能，同时将架空导线两相或三相提升至需要的作业高度。

（2）将斗臂车用绝缘横担进行组装，并安装在绝缘斗臂车绝缘臂上。

（3）打开导线卡槽，提升绝缘横担使导线平稳进入导线卡槽，并闭锁卡槽。

（4）继续提升绝缘横担，将导线提升至横担所需要的高度。

【注意事项】

（1）绝缘横担最小有效绝缘长度应大于0.7m。

（2）使用前外观检查并检测绝缘电阻，阻值应不小于 700MΩ。

（3）斗臂车操控须平稳，避免导线剧烈晃动。

（4）提升导线高度时，注意相邻挡导线弧垂变化影响。

2.19　配电带电作业用绝缘三角架

【工具结构】

图 2-34　配电带电作业用绝缘三角架外观图

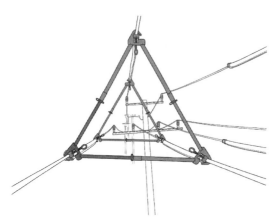

图 2-35　配电带电作业用绝缘三角架使用过程图

【用途】

主要适用于导线三角排列的架空配电线路同步保持三相间距离。

【使用步骤】

采用射枪杆或带锁线功能的绝缘操作杆分别将三根相线固定在绝缘三角架三个角上，拧紧固定螺栓、锁住导线，防止导线从固定角滑脱。

【注意事项】

更换直线电杆或横担时，应采取有效防止相间短路的措施；单回路、双回路均适用。尺寸：长度 60~110cm，可伸缩调节。

2.20 循环绳挂架

【工具结构】

图 2-36 循环绳挂架外观图

图 2-37 循环绳挂架使用过程图

【用途】

用于配电线路绝缘杆作业法时电杆上下传递工器具。

【使用步骤】

（1）作业人员手握绝缘杆下端安全距离标识处，上举循环绳挂架将其挂到双夹横担上。

（2）地面作业人员拉动绝缘循环绳向杆上作业人员传递工具和材料。

【注意事项】

（1）人体与带电体安全距离不可小于0.4m。

（2）切勿剧烈动作拉动绝缘绳，以免造成挂架掉落。

2.21　双回路绝缘横担

【工具结构】

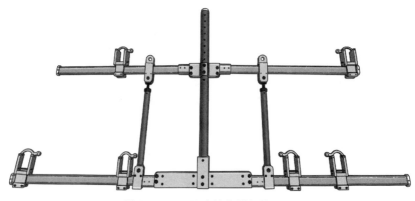

图 2-38　双回路绝缘横担外观图

【用途】

　　用于配电线路将带电导线提升高度。

【使用步骤】

　　（1）调整双回路绝缘横担导线固定夹位置，并可靠固定在绝缘横担上。

　　（2）借助于绝缘斗臂车，将绝缘横担安装在架空导线需要提升位置，并固定在导线上。

　　（3）斗臂车配合提升双回路绝缘横担高度，为作业创造便捷条件。

【注意事项】

　　（1）将双回路绝缘横担固定在导线上的过程中，保障相间安全距离。

　　（2）导线提升后，相邻两基电杆绝缘子受力过大，导线脱槽。

2.22　更换边相绝缘子的导线支撑支架

【工具结构】

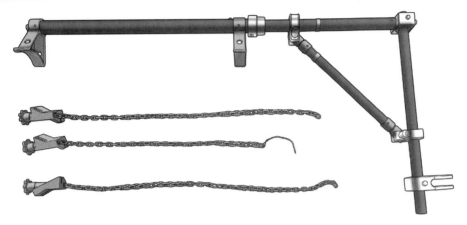

图 2-39　更换边相绝缘子的导线支撑支架外观图

【用途】

用于配电线路绝缘杆作业法支撑边相导线。

【使用步骤】

（1）在地面组装导线支撑支架，调整导线固定夹位置，并打开锁紧装置。

（2）将导线支撑支架安装在电杆上合适位置，然后将导线卡入固定夹并锁紧。

（3）绑扎线剪除后，转动升降装置将导线提升至预设位置。

【注意事项】

（1）与电杆固定应牢固，避免支撑架掉落。

（2）绝缘支撑杆有效绝缘长度不应小于0.4m。

第 3 章

检测工器具

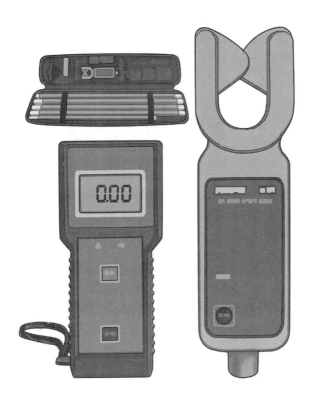

3.1　手摇式绝缘电阻测试仪

【仪器结构】

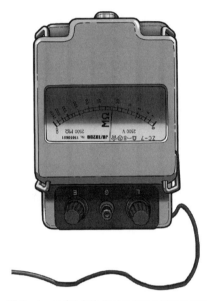

图 3-1　手摇式绝缘电阻测试仪外观图

【用途】

手摇式绝缘电阻测试仪主要用于测量各种绝缘材料的电阻值和变压器、互感器、发电机、高压电机、电力电容器、电力电缆、避雷器、电气设备等设备的绝缘电阻。

2.1　手摇式绝缘电阻测试仪的选用

额定电压低于 500V 的设备，选用绝缘电阻测试仪输出电压 500V 或 1000V，额定电压 500~10000V 的设备，选用绝缘电阻测试仪输出电压 1000V 或 2500V。

2.2　手摇式绝缘电阻测试仪的接线

手摇式绝缘电阻测试仪（亦称兆欧表）有三个测量接线端，一个线路接线端（Line），一个接地接线端（Earth），还有一个为屏蔽接线端（Guard），以下均以第一个英文大写字母代替。

一般测量电力线路对地的绝缘电阻时，只用"L"端和"E"端。"L"端接到被测设备的"火"端或"相"端，"E"端接到被测设备的"地"端。在测量电缆对地绝缘电阻时或被测设备的漏电时，为减少表面漏电对测量值的影响，使用"G"端。

【使用步骤】

（1）清洁被测物表面，减少接触电阻，确保测量结果的正确性。

（2）测量前，对手摇式绝缘电阻测试仪进行开路和短路试验，检查手摇式绝缘电阻测试仪是否完好。将手摇式绝缘电阻测试仪两条连接线打开并摇动手柄，绝缘电阻测试仪指针应指向∞（无穷大），若将两条连接线瞬间短路，绝缘电阻测试仪指针应指向 0，表示手摇式绝缘电阻测试仪状态良好。若手摇式绝缘电阻测试仪有故障或存在其他问题，需要检查并调试手摇式绝缘电阻测试仪，直至状态正常。

（3）线路接好后，按顺时针方向摇动手柄，摇动速度应由慢到快，直到转速达到 120r/min 左右（ZC-25 型），保持手柄的转速均匀、稳定。保持手柄的转速 120r/min，开始测试绝缘电阻，1min 后读数，且要边摇边读数，不能停下来读数。

（4）读取并记录测试数据。

【注意事项】

◎ 使用前，准备工作：

（1）测量前必须切断被测设备电源，对地短路充分放电，放电时操作人员应穿戴绝缘手套并手握放电棒对地放电。

（2）检查手摇式绝缘电阻测试仪是否处于正常工作状态。

（3）禁止测量带电设备，以保证人身和设备的安全。

（4）手摇式绝缘电阻测试仪的连接线应为绝缘良好的两根单独的单线（两种颜色），"L"端与"E"端不能接错，两根连接线不要扭在一起，也不要使连接线接触大地，以免影响测量的绝缘电阻。

（5）测量线路对地绝缘电阻时，"E"端接地，"L"端接于被测线路上；测量电机或设备绝缘电阻时，"E"端接电机或设备外壳，"L"端接被测绕组的一端；测量电机或变压器绕组间绝缘电阻时先拆除绕组间的连接线，将"E"端、"L"端分别接于被测的两相绕组上；测量电缆绝缘电阻时"E"端接电缆外表皮（铅套）上，"L"端接线芯，"G"端接芯线最外层绝缘层上。

◎ 使用时，注意事项：

（1）手摇式绝缘电阻测试仪在工作时产生高电压，测试时必须穿戴高压绝缘手套、穿绝缘鞋，身体的任何部位不能碰触"L"端连接线和被测试物品。

（2）手摇式绝缘电阻测试仪测量时应放在平稳、牢固的地方，且远离大电流导体和外磁场。测量时，应确保绝缘电阻测试仪手摇转动速度稳定在 120r/min 左右。

（3）使用时应注意根据被测设备实际需求，选择合适的输出电压挡。

（4）手摇式绝缘电阻测试仪未停止转动之前，切勿用手触及设备的测量部分或摇表接线柱。拆线时，也不可直接触及引线的裸露部分。

◎ 使用后，注意事项：

（1）测量结束时，先断"L"端，再停止摇动手柄。

（2）读数完毕、测量结束后，根据被测设备实际，必要时对被测设备做充分的放电。

3.2　数字式绝缘电阻测试仪

【仪器结构】

图 3-2　数字式绝缘电阻测试仪外观图

【用途】

主要用于测量各种绝缘材料的电阻值和变压器、电机、电缆、电气设备等设备的绝缘电阻。

以 3125 数字式绝缘电阻仪为例。

2.1　数字式绝缘电阻测试仪的选用

额定电压低于 500V 的设备，选用绝缘电阻测试仪输出电压 500V 或 1000V，额定电压在 500~10000V 的设备，选用绝缘电阻测试仪输出电压 1000V 或 2500V；额定电压大于 10000V 的设备，选用绝缘电阻测试仪输出电压 2500V 或 5000V。

2.2　数字式绝缘电阻测试仪的接线

数字式绝缘电阻测试仪（亦称兆欧表）有三个测量接线端，一个线路接线端（Line），另一个是接地接线端（Earth），还有一个为屏蔽接线端（Guard），以下均以第一个英文大写字母

代替。一般测量电力线路对地的绝缘电阻时，只用"L"端和"E"端。"L"端接到被测设备的"火"端或"相"端，"E"端接到被测设备的"地"端。在测量电缆对地绝缘电阻时或被测设备的漏电时，为减少表面漏电对测量值的影响，使用"G"端。

【使用步骤】

（1）清洁被测物表面，减少接触电阻，确保测量结果的正确性。

（2）检查数字式绝缘电阻测试仪电池情况。

（3）测量前，对数字式绝缘电阻测试仪进行开路和短路试验，检查数字式绝缘电阻测试仪是否完好。开启电源开关"ON"，选择所需电压等级，轻按一下指示灯亮代表所选电压挡，轻

按一下高压启停键，高压指示灯亮，LCD 显示的稳定数值即为被测的绝缘电阻值。将数字式绝缘电阻测试仪两条连接线打开并开启电源开关，数字式绝缘电阻测试仪指针应指向∞（无穷大），此时若将两条连接线瞬间短路，指针应指向 0，表示数字式绝缘电阻测试仪状态良好。若数字式绝缘电阻测试仪有故障或存在其他问题，需要检查并调试数字式绝缘电阻测试仪，直至状态正常。

（4）把测试线（红）末端放至被测试电路。然后压下测试按钮。开始测试绝缘电阻。在测量期间间歇地发出蜂鸣声（500V 除外）。

（5）读取并记录测试数据。

（6）关闭高压时只需按一下高压启停键，关闭整机电源时按一下"OFF"键。

【注意事项】

◎ **使用前，准备工作：**

（1）测量前必须切断被测设备电源，并对地短路充分放电，放电时操作人员应穿戴绝缘手套并手握放电棒对地放电。

（2）测量前要检查数字式绝缘电阻测试仪是否处于正常工作状态。

（3）不应在设备带电时进行测量，以保证人身和设备的安全。

（4）如果电池盖被打开，请不要进行测量。

◎ **使用时，注意事项：**

（1）数字式绝缘电阻测试仪的连接应为绝缘良好的两根单独的单线（两种颜色），"L"端与"E"端不能接错，两根连接线不要扭在一起，也不要使连接线接触大地，以免影响测量的绝缘电阻。

（2）数字式绝缘电阻测试仪在工作时产生高电压，测试时必须穿戴高压绝缘手套、穿绝缘鞋，身体的任何部位不能碰触"L"端连接线和被测试物品。

（3）数字式绝缘电阻测试仪使用时应放在平稳、牢固的地方，且远离大电流导体和外磁场。

（4）在使用时应注意根据被测设备实际需求，选择合适的输出电压挡。

（5）"L"端、"E"端连接线在测试时不能相互碰线。

◎ **使用后，注意事项：**

（1）测量结束时，先断"L"端，再按压"关闭电源"按钮。拆线时，也不可直接触及引线的裸露部分。

（2）读数完毕、测量结束后，根据被测设备实际，必要时对被测设备做充分的放电。

3.3　验电器

【仪器结构】

图 3-3　验电器外观图

【用途】

验电器是一种检测物体是否带电以及粗略估计带电量大小的仪器，主要用来检测高压架空线路、电缆线路、高压用电设备等是否带电。

【使用步骤】

（1）选用与使用电压等级相适应的合格验电器。验电器按照适用电压等级可分为：0.1~10kV、6kV、10kV 等。

（2）使用前，先检验验电器是否完好，并在有电的线路或设备上验电；如线路或设备已经停电，可用高压发生器检验验电器。

（3）使用时应将伸缩绝缘杆全部拉开，操作手部不能越过规定的安全环，验电器触头与同等级的带电体接触，如验电器发生间歇声光信号，表明带电体有电；如验电器没有发生声光信号，则表明带电体不带电。

（4）验电时让验电器顶端的金属工作触头逐渐靠近带电部分，至氖泡发光或发出音响报警信号为止，不可直接接触电气设备的带电部分。验电器不应受邻近带电体的影响，以免发出错误的信号。

（5）对线路的验电应逐相进行，对联络用的断路器或隔离开关或其他检修设备验电时，应在其进出线两侧各相分别验电。

（6）对同杆塔架设的多层电力线路进行验电时，先验低压、后验高压，先验下层、后验上层。

【注意事项】

○ 使用前，准备工作：

（1）检查验电器的电池电量是否足够，避免存在电量不足的情况下无法正确测量电压。

（2）检查并确保验电器的铁壳、检测头等部位无损坏、松动或者脏污。

（3）清洁验电器绝缘杆表面，并保持验电器绝缘杆表面干燥。

（4）验电使用的验电器必须是电压等级合适且合格的验电器，高压验电器必须定期试验，确保其性能良好。还应在电压等级相应的带电设备上检验报警是否正确，方能到需要的设备上验电。禁止使用电压等级不对应的验电器进行验电。

○ 使用时，注意事项：

（1）使用验电器检测时，必须穿戴高压绝缘手套、穿绝缘鞋，并有专人监护。

（2）手握部位不能越过护环，验电时人体与带电体安全距离不少于 0.7m。

（3）验电前应在有电设备上进行试验，确认验电器良好。

（4）对线路的验电应逐相进行，对联络用的断路器或隔离开关或其他检测设备验电时，应在其进出线两侧各相分别验电。

（5）湿度较大天气验电时，要防止验电器绝缘杆表面凝露形成水滴或水柱。

（6）在电容器组上验电，应待其放电完毕后再进行。

（7）验电时如果需要使用梯子时，应使用绝缘梯子，并应采取必要的防滑措施，禁止使用金属材料梯。

○ 使用后，注意事项：

定期做好预防性试验，应进行外观检查、验电，当发现指示器外壳、绝缘杆有明显缺陷，如开裂，不应该进行预防性试验，应及时送维修或更换。

3.4 绝缘手套检漏仪

【仪器结构】

图 3-4 绝缘手套检漏仪外观图

图 3-5 绝缘手套检漏仪使用图

【用途】

绝缘手套检漏仪是通过充气来检验绝缘手套有无裂痕和表面损伤等缺陷的检查工具。在工作现场，绝缘手套必须进行充气检查，这是重要的安全保障。使用绝缘手套检漏仪来检查手套，可以避免手工检查的疏漏。

以 G99 绝缘手套检漏仪为例，G99 是一款简单易用的便携式手套充气泵，提供了一个在工作现场对绝缘手套进行检查的方法。

【使用步骤】

（1）检查时，将绝缘手套用尼龙带固定在绝缘手套检漏仪上，然后扣上自粘搭扣条将其扎紧。

（2）把充气泵抵在地面或任何表面上，向波纹管中泵入空气，即可对手套进行充气。

【注意事项】

G99 Ⅰ型绝缘手套膨胀不能超过正常尺寸的 1.5 倍，而 Ⅱ型 SALCOR 绝缘手套膨胀不能超过正常尺寸的 1.25 倍。

3.5 高压核相仪

【仪器结构】

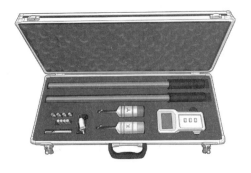

图 3-6 高压核相仪外观图

图 3-7 高压核相仪使用图

【用途】

高压核相仪，是一种在运行电压下进行高压电力线路的核定相位工作的带电测试工具。用于电力系统的电力线路、变电站的相位校验和相序校验，具有核相测相序、验电等功能。

以 WPD220 型无线数字核相仪为例。每套

WPD220 型无线数字核相仪由以下几个主要部件组成：两支伸缩式绝缘杆、一个便携式手持机、一个 X 采集器和一个 Y 采集器。

【使用步骤】

（1）手持机电池的安装。打开手持机后盖，在电池盒内安装好四节 7 号碱性电池（弹簧为"–"端）后，恢复手持机的后盖。

（2）采集器电池的安装。逆时针拧开 X、Y 采集器外罩，取出内芯，在电池盒内安装好电池，再将采集器外罩顺时针方向拧紧。

（3）使用方法。

手持机上分别有 3 个按钮：模式、开关、背光。

开关按钮——启动与关闭手持机。

模式按钮——切换实显模式与智能模式，开机默认实显模式。实显模式是采集的数据未经软件分析处理的实时数据，智能模式是采集的数据经过软件分析处理后的数据。

背光按钮——在光线较暗的情况下，可开启背光方便读数。背光情况下会加速电池电量的消耗。

（4）把表头垂直安装在三角架上。使表针指示接近或等于零，将连接线按相同色别接于测试杆与仪表中，并将接地线接地，保证接线正确、良好。

（5）现场校验。

1）轻按手持机正面电源开关开机。

2）将伸缩式绝缘杆拉伸到最长位置（3.1m）。

3）将 X 和 Y 采集器分别安装在绝缘杆上（采集器有挂式和针式两种接触头，可根据需要选用，更换时将采集接触头逆时针方向旋转即可）。

4）将 X 和 Y 采集器同时放到电网同一侧线路的同一相上，手持机显示屏应显示 X、Y 信

号正常，蜂鸣器发声，结果显示同相，相位显示在15°以内；然后，将X和Y采集器分别放到电网同一侧线路的不同相上，主机显示屏应显示X、Y信号正常，结果显示不同相，相位显示为120°或240°，相位误差在15°以内，表示仪器可正常使用。

（6）核相操作步骤。

1）现场校验正常后，先将X采集器放到电网一侧线路的某一相线路上不动，再将Y采集器放到电网另一侧线路的任意一相线路上。

2）若主机蜂鸣器发声，显示屏显示"同相"，则X、Y采集器所测的线路为同一相；若主机显示屏显示"不同相"，相位显示为120°或240°，则X、Y采集器所测的线路为不同相。

3）将两杆分别接向相对应的两侧线路。当高压核相仪的仪表指示接近或为零时，则两相为同相；若高压核相仪的仪表指示较大时，则要多反复几次，确保准确无误后方能并列。

4）高压核相仪作为验电器使用时，将其中一杆接向任何一根线，另一杆接地或接向另一相线，若高压核相仪的仪表指示较大时则线路有电，反之则无电。

【注意事项】

◦ **使用前，准备工作：**

（1）高压核相必须严格遵守《电业安全工作规程》（DL 408—1991）中带电作业的相关要求。

（2）核相仪应经检验部门检测合格，并在有效期内。

（3）要按不同等级的使用电压，选用合适等级的线路核相验电仪（高压核相器），严禁一仪多用。

（4）绝缘杆首次使用前应按《带电作业

工具、装置和设备预防性试验规程》（DL/T 976—2017）做耐压实验。

◦ **使用时，注意事项：**

（1）高压核相仪现场使用时，因带电作业，故接地线要牢固、可靠，核相时操作人员应穿戴绝缘手套、穿绝缘鞋，户外核相应在晴好天气进行。

（2）核相仪的伸缩式绝缘杆必须拉至最长位置，以保证足够的安全距离。

（3）核相时要特别注意保持人体与带电体间、相与相之间（包括两采集器间）的安全距离，其距离不得小于DL 408—1991的要求。

（4）核相仪配备的伸缩式绝缘杆电压等级为220kV。

（5）试验过程中，X、Y采集器相互之间必须保持在通信距离范围之内，即：X、Y采集器之间的视距在80米范围内。

（6）在不大于35kV电压等级的设备处核相时，X、Y采集器可直接挂在线路的导线或绝缘皮上进行核相。

（7）工作环境为：温度-35~+50℃，湿度不大于95%RH。

◦ **使用后，注意事项：**

（1）高压核相仪用完后，放进盒内要妥善保管，保证通风干燥，以免受潮、高温、多尘和化学腐蚀，以备再用。

（2）做预防性实验时，要取下上杆，只做下杆，以免上杆内电子元件损坏造成测量不准确。

（3）绝缘杆每年进行一次耐压试验。

（4）储存环境为：温度0~+50℃，湿度不大于70%RH。

（5）本产品是精密仪表，不可随意拆卸。

（6）长时间不使用时，应取出手持机和采集器电池，并每年至少更换一次电池。

（7）定期送检验单位检验。

3.6　低压相序仪

【仪器结构】

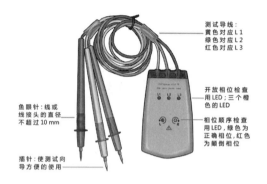

测试导线：
黄色对应L1
绿色对应L2
红色对应L3

开放相位检查
用LED；三个橙
色的LED

鱼眼针：线或
线接头的直径
不超过10 mm

相位顺序检查
用LED，绿色为
正确相位，红色
为颠倒相位

插针：使测试向
导方便的使用

图3-8　低压相序仪外观图

【用途】

用于判定三相电的相序及缺相情况，及两路低压电源并列前的相序核对。

【使用步骤】

（1）接线。将相序表三根表笔线A（黄，Y）、B（绿，G）、C（红，R）分别对应接到被测源的A（Y）、B（G）、C（R）三根线上。

（2）测量。按下仪表左上角的测量按钮，灯亮，即开始测量。松开测量按钮时，停止测量。

（3）缺相指示。面板上的A、B、C三个红色发光二极管分别指示对应的三相来电。当被测源缺相时，对应的发光管不亮。

（4）相序指示。当被测源三相相序正确时，与正相序所对应的绿灯亮，当被测源三相相序错误时，与逆相序所对应的红灯亮，蜂鸣器发出报警声。

【注意事项】

○ **使用前，准备工作：**

（1）该仪表是高压测试设备，在使用前要观察仪表是否完好，如果出现下列情况就必须停止使用，应当进行相应的检查和修理，以免触电和发生不安全事故。

1）仪表外观明显受损，如壳体有裂缝或损毁、测试导线有破皮现象等；

2）仪表在运输过程中被严重挤压过；

3）仪表在不当条件下被长期搁置，如在洗手间或比较潮湿的地方。

（2）在使用相序表时，无需其他电源或电池为其供电，而是直接由被测电源供电即可。

○ **使用时，注意事项：**

（1）在测量过程当中，千万不能打开该仪表的外壳，以免触电和发生不安全事故。

（2）测量过程中有较大的电压从测试导线上输入，不要用手直接碰触到裸露的线头或测试表笔的金属部分，以免触电。

（3）尽管有时候所有的相位指示灯都没有点亮，但仍然存在有电压回路，要注意防止触电。

（4）测量时电路电压最好不要高于480V/600V（850/850A），以免发生不安全事故。

（5）在下雨时的户外和比较潮湿的环境下，都不能使用该仪表进行测量，以免发生不安全事故。

○ **使用后，注意事项：**

（1）不要让该仪表碰触到水或者其他有腐蚀性的液体，也不要放置在有阳光直射或高温和比较潮湿的环境中，以免影响其测试性能。

（2）非专业人员禁止打开该仪表的外壳，以免影响其测试性能。

（3）使用该仪表的操作人员应受过专门的培训，懂得强电操作和测量的相关知识，并严格按照本说明书进行测量操作。

3.7　相位表

【仪器结构】

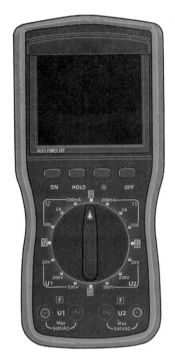

图 3-9　数字式双钮相位表外观图

【用途】

一种常用的为现场测量电压、电流及相位而设计的一种高精度测量仪表，最大的特点是可以测量两路电压之间、两路电流之间及电压与电流之间的相位和工频频率。

以 SMG2000B 数字式双钮相位表为例。

【使用步骤】

（1）测量步骤

按下 ON-OFF 按钮，旋转功能量程开关正确选择测试参数及量限。

（2）测量交流电压

将旋转开关拨至参数 U1 对应的 500V 量限，将被测电压从 U1 插孔输入即可进行测量。若测量值小于 200V，可直接旋转开关至 U1 对应的 200V 量限测量，以提高测量准确性。

两通道具有完全相同的电压测试特性，故亦可将开关拨至参数 U2 对应的量限，将被测电压从 U2 插孔输入进行测量。

（3）测量交流电流

将旋转开关拨至参数 I1 对应的 5A 量限，将标号为 1# 的钳形电流互感器付边引出线插头插入 I1 插孔，钳口卡在被测线路上即可进行测量。同样，若测量值小于 2A，可直接旋转开关至 I1 对应的 2A 量限测量，提高测量准确性。

测量电流时，亦可将旋转开关拨至参数 I2 对应的量限，将标号为 2# 的测量钳接入 I2 插孔，其钳口卡在被测线路上进行测量。

（4）测量两电压之间的相位角

测 U2 滞后 U1 的相位角时，将开关拨至参数 U1、U2。测量过程中可随时顺时针旋转开关至参数 U1 各量限，测量 U1 输入电压，或逆时针旋转开关至参数 U2 各量限，测量 U2 输入电压。

注意：测相时电压输入插孔旁边符号 U1、U2 及钳形电流互感器红色"*"符号为相位同名端。

（5）测量两电流之间的相位角

测 I2 滞后 I1 的相位角时，将开关拨至参数 I1、I2。同样测量过程中可随时顺时针旋转开关至参数 I1 各量限，测量 I1 输入电流，或逆时针旋转开关至参数 I2 各量限，测量 I2 输入电流。

（6）测量电压与电流之间的相位角

将电压从 U1 输入，用 2# 测量钳将电流从 I2 输入，开关旋转至参数 U1、I2 位置，测量电流滞后电压的角度。测试过程中可随顺时针旋转开关至参数 I2 各量限测量电流，或逆时针旋转开关至参数 U1 各量限测量电压。

也可将电压从 U2 输入，用 1# 测量钳将电流从 I1 输入，开关旋转至参数 I1U2 位置，测量电压滞后电流的角度。同样测量过程中可随时旋转开关，测量 I1 或 U2 之值。

（7）三相三线配电系统相序判别

旋转开关置 U1U2 位置。将三相三线系统的 A 相接入 U1 插孔，B 相同时接入与 U1 对应的 ± 插孔及与 U2 对应的 ± 插孔，C 相接入 U2 插孔。若此时测得相位值为 300° 左右，则被测系统为正相序；若测得相位为 60° 左右，则被测系统为负相序。

换一种测量方式，将 A 相接入 U1 插孔，B 相同时接入与 U1 对应的士插孔及 U2 插孔，C 相接入与 U2 对应的士插孔。这时若测得的相位值为 120°，则为正相序；若测得的相位值为 240°，则为负相序。

（8）三相四线系统相序判别

旋转开关置 U1U2 位置。将 A 相接 U1 插孔，B 相接 U2 插孔，零线同时接入两输入回路的 ± 插孔。若相位显示为 120° 左右，则为正相序；若相位显示为 240° 左右，则为负相序。

（9）感性、容性负载判别

旋转开关置 U1I2 位置。将负载电压接入 U1 输入端，负载电流经测量钳接入 I2 插孔。若相位显示在 0°～90° 范围，则被测负载为感性；若相位显示在 270°～360° 范围，则被测负载为容性。

【注意事项】

◦ **使用前，准备工作：**

（1）当手持机液晶屏上出现欠电指示符号时，⊡ 说明电池电量不足，此时应更换电池。

更换电池时，必须断开输入信号，关闭电源。将后盖螺钉旋出，取下后盖后即可更换电池。

（2）测量电压不得高于 500V。

（3）手持机后盖未固定好时切勿使用。

◦ **使用时，注意事项：**

（1）手持机不能在高温、高湿、易燃、易爆环境中使用。额定工作条件：环境温度，（0～40）℃；环境湿度，（20～80）%RH。

（2）在测量电压及相位时，人体不可接触表笔导体部分。

（3）不得在输入被测电压时在表壳上拔插电压、电流测试线，不得用手触及输入插孔表面，以免触电。

（4）根据被测量参数，正确选择量程开关位置。测量相位时被测信号幅值范围：

测 U1-U2 相位时，30～500V；

测 I1-I2 相位时，10mA～10.00A；

测 U1-I2 或 I1-U2 相位时，10～500V、10mA～10.00A。

（5）在进行电流及相位测量前，应检查钳口接合部是否整洁及闭合良好。

（6）测量进行中，不得转动量程开关。

（7）由于输入输出端子、测试柱等均有可能带电压，在插拔测试线、电源插座时，会产生电火花，小心电击，避免触电危险，注意人身安全。

（8）测量相位时，电压、电流的测量范围是否超出相位表的测量范围。

◦ **使用后，注意事项：**

（1）长时间不用，应将手持机电池取出。

（2）手持机不能在高温、高湿、易燃、易爆环境中储存。

3.8 钳形电流表

【仪器结构】

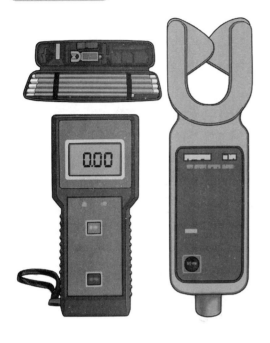

图 3-10 钳形电流表外观图
（图例为 GDGL-9000B 无线高低压钳形电流表）

【用途】

用于测量正在运行的电气线路的电流大小的仪表，可在不断电的情况下测量电流。

【使用步骤】

（1）测量低压电流

1）合理选择相应型号的钳形电流表，被测电路电压和电流不能超过钳形电流表上允许的最大值。

2）选择适当的挡位。选挡的原则是：

a. 已知被测电流范围时：选用大于被测值但又与之最接近的那一挡。

b. 不知被测电流范围时：可先置于电流最高挡试测（或根据导线截面，并估算其安全载流量，适当选挡）、根据试测情况决定是否需要降挡测量。总之，应使表针的偏转角度尽可能地大。

3）将钳形电流表平端，张开钳口，使被测导线进入钳口后再闭合钳口。

4）读数：根据所使用的挡位，在相应的刻度线上读取读数（注意：挡位值即是满偏值）。

5）如果在最低挡位上测量，表针的偏转角度仍很小（表针的偏转角度小，意味着其测量的相对误差大），允许将导线在钳口铁芯上缠绕几匝，闭合钳口后读取读数。这时导线上的电流值 = 读数 ÷ 匝数。

（2）测量高压线路电流

1）使用绝缘双头锁杆固定导线及引线，避免线夹拆除后引线突然掉落，使用线夹装拆工具固定线夹。

2）使用绝缘杆套筒扳手拧松螺栓，使用线夹装拆工具拆除线夹。

3）使用绝缘双头锁杆将引线迅速脱离导线，并可靠固定于同相引线上，防止引线摆动。

【注意事项】

◎ 使用前，准备工作：

（1）使用钳形电流表前，应先检查钳形表铁芯的绝缘是否完好，钳口应清洁，无锈迹，钳口闭合后无明显的缝隙。

（2）测量前应先估测电流大小，然后根据估测结果使量程开关处于相应的挡位，所测数据以指针在表盘 1/3 ~ 1/2 范围内为佳。当所估测数据与量程有较大出入时，应先把钳口从导线中退出，然后调整量程开关，但禁止在钳口中有导线时调整量程开关。

○ **使用时，注意事项：**

（1）测量时测试人应戴手套（绝缘手套或清洁的线手套），必要时应设监护人。

（2）被测导线应处在钳形表钳口中央，放入导线后钳形表钳口应紧闭，否则会因露磁严重而使所测数据不准。

（3）用钳形电流表测量高压线路电流时，应由两人进行，即一人操作，一人监护。测量时应穿戴绝缘手套，站在绝缘垫上，不得触及其他设备，以防止短路或接地。

（4）使用高压钳形表时应注意钳形电流表的电压等级，严禁用低压钳形表测量高电压回路的电流。

（5）观测表计时，要特别注意保持头部与带电部分的安全距离，人体任何部分与带电体的距离不得小于钳形表的整个长度。

（6）在高压回路上测量时，禁止用导线从钳形电流表另接表计测量。测量高压电缆各相电流时，电缆头线间距离应在 300mm 以上，且绝缘良好，待认为测量方便时，方能进行。

（7）测量低压可熔保险器或水平排列低压母线电流时，应在测量前将各相可熔保险或母线用绝缘材料加以保护隔离，以免引起相间短路。

（8）有足够的安全措施。不可测量裸导线上的电流。

（9）测量时注意与附近带电体保持安全距离。并应注意不要造成相间短路和相对地短路。

（10）应在无雷雨的天气下进行测量，潮湿或雷雨天气时禁止在室外测量。夜间测量时应有足够的照明，测量人员在测量时应戴安全帽、穿戴绝缘手套、穿绝缘鞋，人体与带电部分要保持足够的安全距离。

（11）在测量过程中切换挡位，会在瞬间使电流互感器二次侧开路，造成钳形表损坏，甚至危及人身安全。

（12）如果测试大电流后立即测小电流，应开合铁芯数次，以消除铁芯中的剩磁，减小误差。

（13）如果被测电流在 5A 以下，为了得到准确数值，在条件许可时，可将导线在钳形电流表铁芯上绕几圈后，放进钳口测量，测出的电流读数除以钳口内导线根数，就是实际电流数值。

（14）一般的钳形表不得用于高电压测量。带有测量交流电压功能的钳形电流表，在测量电流、电压时应分别进行，不得同时测量。

○ **使用后，注意事项：**

（1）每次测量后，要将调节电流量程的切换开关放在最高挡位，以免下次使用时未选用量程就测量，造成钳形电流表意外损坏。

（2）当电缆有一相接地时，严禁测量。防止出现因电缆头的绝缘水平低发生对地击穿爆炸而危及人身安全。

（3）钳形电流表测量结束后把开关拔至最大程挡位，以免下次使用时不慎过流。

（4）钳形电流表应保存在室内干燥的专用箱、柜内。携带和使用时不应受到强烈振动。

3.9　绝缘杆式电流智能检测仪

【仪器结构】

图 3-11　绝缘杆式电流智能检测仪外观图

【用途】

用于配电线路使用绝缘杆对带电线路进行电流测量。

以 HCL-9000 型钳形电流表为例。

【使用步骤】

（1）使用绝缘双头锁杆固定导线及引线，避免线夹拆除后引线突然掉落，使用线夹装拆工具固定线夹。

（2）使用绝缘杆套筒扳手拧松螺栓，使用线夹装拆工具拆除线夹。

（3）使用绝缘双头锁杆将引线迅速脱离导线，并可靠固定于同相引线上，防止引线摆动。

【注意事项】

◎ 使用前，准备工作：

（1）绝缘杆式电流智能检测仪携带时不应受到强烈振动。

（2）合理选择相应型号的绝缘杆式电流智能检测仪，被测电路电压和电流不能超过绝缘杆式电流智能检测仪上允许的最大值。

（3）使用绝缘杆式电流智能检测仪前，应先检查绝缘杆式电流智能检测仪铁芯的绝缘是否完好，钳口应清洁，无锈迹，钳口闭合后无明显的缝隙。

（4）测量前应先估测电流大小，然后根据估测结果使量程开关处于相应的挡位，所测数据以指针在绝缘杆式电流智能检测仪表盘 1/3 ~ 1/2 范围内为佳。

（5）使用绝缘杆式电流智能检测仪时应注意绝缘杆式电流智能检测仪的电压等级，严禁用低压绝缘杆式电流智能检测仪测量高电压回路的电流。

◎ 使用时，注意事项：

（1）用绝缘杆式电流智能检测仪测量高压线路电流时，应由两人进行，即一人操作，一人监护。测量时操作人员应穿戴绝缘手套，站在绝缘垫上，不得触及其他设备，以防止短路或接地。

（2）当所估测数据与量程有较大出入时，应先把钳口从导线中退出，然后调整量程开关，但禁止在钳口中有导线时调整量程开关。

（3）被测导线应处在钳形表钳口中央，放入导线后绝缘杆式电流智能检测仪钳口应紧闭，否则会因露磁严重而使所测数据不准。

（4）当电缆有一相接地时，严禁测量。防止出现因电缆头的绝缘水平低发生对地击穿爆炸而危及人身安全。

（5）观测绝缘杆式电流智能检测仪读数时，要特别注意保持头部与带电部分的安全距离，人体任何部分与带电体的距离不得小于绝缘杆式电流智能检测仪的整个长度。

（6）在高压回路上测量时，禁止用导线从绝缘杆式电流智能检测仪另接表计测量。测量高压电缆各相电流时，电缆头线间距离应在300mm 以上，且绝缘良好，待认为测量方便时，方能进行。

（7）测量时注意与附近带电体保持安全距离。并应注意不要造成相间短路和相对地短路。

（8）绝缘杆式电流智能检测仪使用时不应受到强烈振动。

（9）应在无雷雨的天气下进行测量，潮湿或雷雨天气时禁止在室外测量。测量时，一般由两人进行，即一人操作，一人监护。夜间测量时应有足够的照明，测量人员在测量时应戴安全帽，绝缘手套，穿绝缘鞋，人体与带电部分要保持足够的安全距离。

（10）在测量过程中切换挡位，会在瞬间使电流互感器二次侧开路，造成钳形表损坏，甚至危及人身安全。

（11）如果测试大电流后立即测小电流，应开合铁芯数次，以消除铁芯中的剩磁，减小误差。

◎ **使用后，注意事项：**

（1）每次测量后，要将调节电流量程的切换开关放在最高挡位，以免下次使用时未选用量程就测量，造成钳形电流表意外损坏。

（2）绝缘杆式电流智能检测仪应保存在室内干燥的专用箱、柜内。

3.10　温度检测仪

【仪器结构】

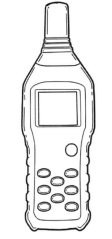

图 3-12　温度检测仪外观图

【用途】

用于带电作业前测量环境温度。

【使用步骤】

（1）检查温度检测仪内电池以及其他附件是否齐全。

（2）选择温度检测仪的测量范围及分辨率。

（3）开启电源开关。

（4）将温度检测仪放在带电作业现场周围空旷的环境中，读取温度检测仪屏幕显示温度。

（5）记录温度检测仪屏幕显示温度。

【注意事项】

（1）为了获得精确的温度读数，温度检测仪与测试目标之间的距离必须在合适的范围之内，在确定测量距离时，应确保目标直径等于或大于受测的光点尺寸。

（2）工作温度为 −20~+50℃。

（3）存储温度为 −30~+70℃。

3.11　温湿度、风速检测仪

【仪器结构】

图 3-13　温湿度、风速检测仪

【用途】

用于带电作业前测量风速、温度、相对湿度。

【使用步骤】

（1）按开机键开机，开机后进入测量状态。

（2）读取并记录温湿度、风速检测仪显示温度、相对湿度。

（3）测风速时，需将温湿度、风速检测仪提升到 10~12m 高度，读取并记录温湿度、风速检测仪显示风速。

【注意事项】

◦ 使用前，准备工作：

（1）当温湿度、风速检测仪显示电池电压低符号时，必须更换电池。

（2）温湿度、风速检测仪工作处须远离振动源、强电磁场。环境温度须稳定。

（3）请依据使用说明书的要求正确使用风向风速监测仪。使用不当，可能导致触电、火灾和传感器的损坏。

◦ 使用时，注意事项：

（1）风速的测试高度应与作业面高度持平。

（2）禁止在可燃性气体环境中使用风速记录仪。

（3）不要将探头和风向风速监测仪本体暴露在雨中。否则，可能有电击、火灾和伤及人身的危险。

（4）不要触摸探头内部传感器部位。

◦ 使用后，注意事项：

（1）仪器应定期检定。

（2）不要拆卸或改装风向风速监测仪。否则，可能导致电击或火灾。

（3）不要用挥发性液体来擦拭风向风速自记仪。否则，可能导致仪器壳体变形变色。风速计表面有污渍时，可用柔软的织物和中性洗涤剂来擦拭。

（4）在无任何按键操作 30min 后，温湿度、风速检测仪会自动关机。

第4章

金属工器具

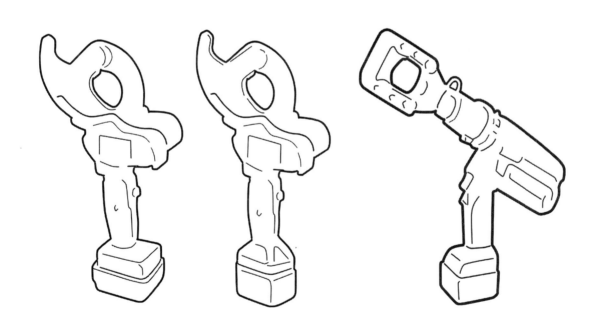

4.1　充电式电动切刀

【工具结构】

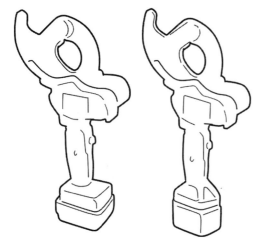

（a）棘轮式切刀

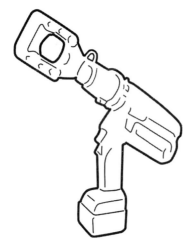

（b）液压式切刀

图4-1　充电式电动切刀外观图

【用途】

用于绝缘手套作业法带电作业时裁剪、切断非承力钢丝绳、导线等。

【使用步骤】

（1）装上电池后，解除闭锁，打开切刀头，将待裁切物体放入切断区。

（2）合上切刀头并闭锁，转动切刀头部至适合操作的最佳角度。

（3）持续扣压扳机，切刀刀口逐渐闭合，对物体进行裁切。

（4）裁切完成后，带有自动泄压装置的切刀（b款液压式），其刀口自动打开退缩回原位；若无自动泄压装置的切刀，则需在松开扳机后按压泄压阀，使刀口回位打开。

【注意事项】

（1）充电式电动切刀在存储、运输时应尽量将电池取下并闭锁扳机，以免出现馈电或误触误动状况。

（2）使用前，应检查电池电量是否充足，刀片安装方向应正确、固定牢靠，液压顶杆推进、回退顺滑无卡涩，刀口回缩至初始位置。

（3）裁切过程中，当松开扳机时切刀停止工作。此时按压泄压阀，刀口将回缩退原位。

（4）切割完成后，如有残片存留在切割区，应将其取出。

（5）当裁切物体为带钢芯的导线或钢丝绳时，应先确认所选用的刀片满足裁切所需的硬度要求；否则应进行更换，以免造成刀片的崩口损伤。

（6）当裁切物体为带钢芯的大截面导线时，切刀会发生一定程度的偏移摆动。此时，应注意其与不同相带电体或不同电位体的安全距离。必要时，应对周边物体设置可靠的绝缘遮蔽（隔离）措施，避免短路伤害事件的发生。

（7）应用过程中电动切刀应与周围不同相或不同电位体保持足够的安全距离，无法满足时设置可靠的绝缘遮蔽或隔离措施，且不得与之发生接触。

4.2　充电式压接钳

【工具结构】

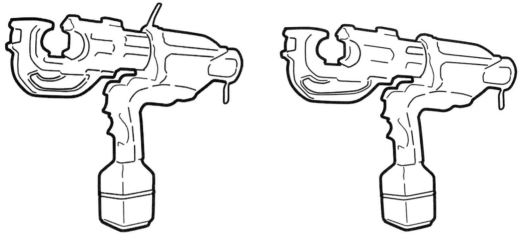

图 4-2　充电式压接钳外观图

【用途】

用于绝缘手套作业法带电作业时铜、铝端子、线夹与导线的压接等。

【使用步骤】

（1）根据待压接物品的规格型号，选择对应匹配的压接模具，并将其正确可靠地安装在压接钳的模具安装基座上。

（2）装上电池后，将压接物体放入压接钳开口内。

（3）转动切割机头部至适合操作的最佳角度。持续扣压扳机，压接模具逐渐闭合，对物体进行压接。

（4）压接完成后，压接模具自动打开退缩回原位。

【注意事项】

（1）充电式电动压接钳在存储、运输时应尽量将电池取下并闭锁扳机，以免出现馈电或误触误动状况。

（2）使用前，应检查电池电量是否充足，压接模具在基座上的安装应上下对齐、固定牢靠，液压顶杆推进、回退顺滑无卡涩，模具回缩至初始位置。

（3）应选择与待压接物品规格型号相匹配的压接模具，否则将直接影响压接质量。

（4）严禁无模具和金具时空压工具。

（5）压接完成后，如有残片存留在压接区，应将其取出。

（6）应用过程中扳手应与周围不同相或不同电位体保持足够的安全距离，无法满足时设置可靠的绝缘遮蔽或隔离措施，且不得与之发生接触。

4.3 充电式螺母破碎机

【工具结构】

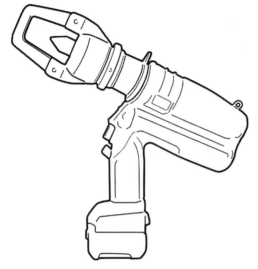

图 4-3 充电式螺母破碎机外观图

【用途】

用于绝缘手套作业法带电作业时破拆因锈蚀等导致常规无法拆卸的螺栓。

【使用步骤】

（1）选择适合待破拆螺母的刀头。

（2）装上电池后，转动切割机头部至适合操作的最佳角度。

（3）用充电式螺母破碎机的碳钢钳头套住待破拆的螺母。

（4）持续扣压扳机，刀头逐渐抵近并切入螺母。

（5）完成螺母的破拆后，刀头自动退缩回原位。

【注意事项】

（1）未装刀头严禁操作工具。

（2）不要摔打工具，避免损坏液压循环系统，导致工具功能失常。

（3）操作人员应佩戴护目镜。

（4）充电式螺母破碎机在存储、运输时应尽量将电池取下并闭锁扳机，以免出现馈电或误触误动状况。

（5）使用前，应检查电池电量是否充足。刀头在液压顶杆上的安装应固定牢靠；碳钢钳头与机体的连接应可靠且无明显晃动；液压顶杆推进、回退顺滑无卡涩；模具回缩至初始位置。

（6）破拆完成后，如有残片存留应及时清除，保持工具头部清洁。

（7）应用过程中充电式螺母破碎机应与周围带电体保持足够的安全距离，无法满足时设置可靠的绝缘遮蔽或隔离措施，且不得与之发生接触。

4.4 充电式电动扳手

【工具结构】

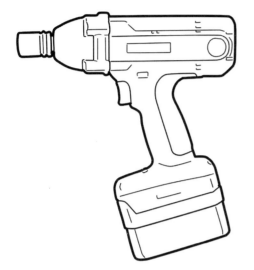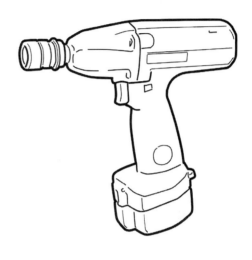

图 4-4 充电式电动扳手外观图

【用途】

用于绝缘手套作业法带电作业时松紧各种规格型号的螺母等。

【使用步骤】

（1）根据所要松紧的螺母规格，选用大小适合的套筒，并与电动扳手转轴做可靠连接。

（2）装上电池，确认正反转按钮以及输出力矩挡位满足下一步对螺母的松紧操作需求。

（3）将电动扳手端部的套筒套住松紧的螺母。

（4）持续扣压扳机，完成对螺母的松紧操作。

【注意事项】

（1）在充电式电动扳手使用时应找好反向力矩支撑点，以防止反作用力伤人。

（2）在使用充电式电动扳手的过程中，发现有火花异常时，要立即停止工作，进行检查处理，排除故障。

（3）充电式电动扳手在存储、运输时应尽量将电池取下并闭锁扳机，以免出现馈电或误触误动状况。

（4）使用前，应检查电池电量是否充足。连接套筒的转轴转动顺畅无卡顿。

（5）使用过程中扳手应与周围不同相或不同电位体保持足够的安全距离，无法满足时设置可靠的绝缘遮蔽或隔离措施，且不得与之发生接触。

4.5　手动式液压切刀

【工具结构】

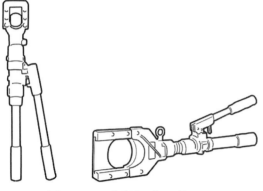

图 4-5　手动式液压切刀外观图

【用途】

用于绝缘手套作业法带电作业时剪切非承力导线、钢丝绳等。

【使用步骤】

（1）切割前先按压（旋松）卸压阀（回油开关）使活塞完全退回。如果刀片和刀架导槽内发现有钢、铝碎屑残留，应予以清除干净。

（2）拉出刀头插销或打开刀头挂钩，打开刀头，放进待切割材料。闭合刀头，插上插销或扣紧挂钩。

（3）将切刀移到待剪切位置，旋紧卸压阀（回油开关）。

（4）摇动手柄，活塞推动下刀片前进完成对物体的剪切。

（5）切断材料后，立即按压（旋松）卸压阀（回油开关）使下刀片退回原位。

（6）剪切完成后，将刀片和导槽内粘附的钢、铝碎屑清除干净，以便下次切割。

【注意事项】

（1）必须选取满足待剪切物品钢性强度要求的刀片并正确可靠安装。

（2）手动式液压切刀使用前应检查并确认切刀无裂纹、无明显渗漏油现象，刀架螺栓紧固无松动，防护罩及插销等部件无缺失。

（3）切料时，未插好刀头部位的插销或挂紧挂钩前，严禁摇动手柄进行剪切，否则会损坏刀片和刀头。

（4）硬质切刀切割较粗的硬质材料（如钢芯铝绞线）时，可小幅度摇动手柄，以便轻松进行剪切操作。

（5）剪切过程中，尽量使切割材料与刀片前进方向垂直。人员在刀片一侧配合对剪切材质进行固定，防止切断后材质末端弹出伤人。

（6）切断后不得继续摇动手柄，避免因工作压力过大，导致刀片、刀头破裂和活塞不能退回等故障。

（7）手动式液压切刀的液压油在高压下很容易刺破皮肤，造成皮肤严重伤害、腐烂，甚至导致死亡。故当液压系统在加压时，不要用手接触油管和接头，不要用手检查是否漏油，检修前一定要先卸压。如被漏出的液压油弄伤，须立即就医。

（8）使用过程中手动式液压切刀应与周围不同相或不同电位体保持足够的安全距离，无法满足时设置可靠的绝缘遮蔽或隔离措施，且不得与之发生接触。

4.6 手动式液压钳

【工具结构】

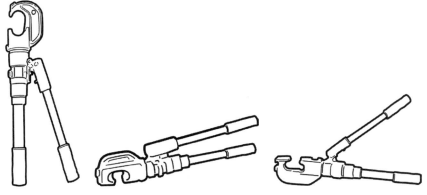

图 4-6 手动式液压钳外观图

【用途】

用于绝缘手套作业法带电作业时手动压接铜、铝接线端子等。

【使用步骤】

（1）压接前先按压（旋松）卸压阀（回油开关）使活塞完全退回。如压接模具导槽内发现有异物残留，应予以清除干净。

（2）根据待压接物品的规格型号，选择对应匹配的压接模具，并将其正确可靠安装在压接钳的模具安装基座上。

（3）将压接物体放入压接钳开口模具内，旋紧卸压阀（回油开关）。

（4）摇动手柄，活塞推动下模具逐渐闭合对物体进行压接。

（5）压接完成后，具有自动泄压功能的压接钳，压接模具会自动打开并退缩回原位。无自动泄压功能的，需手动按压（旋松）卸压阀（回油开关）使压接模具自动打开退缩回原位。

（6）根据相关的技术规范要求，重复操作步骤（3）~步骤（4），完成压接物品所需的压接模数。

【注意事项】

（1）手动式液压钳使用前应进行外观检查，确认无裂纹、无明显渗漏油现象，模具、插销等部件无缺失。

（2）手动式液压钳的液压油在高压下可以很容易刺破皮肤，造成严重伤害、腐烂甚至死亡。当液压系统在加压时，不要用手接触油管和接头，不要用手检查是否漏油，检修前一定要先卸压。如果你被漏出的液压油弄伤，请立即看医生。

（3）使用过程中手动式液压钳应与周围不同相或不同电位体保持足够的安全距离，无法满足时设置可靠的绝缘遮蔽或隔离措施，且不得与之发生接触。

4.7　斗臂车用液压压接钳

【工具结构】

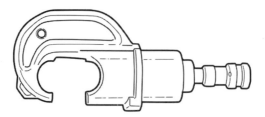

图 4-7　斗臂车用液压压接钳外观图

【用途】

用于绝缘手套作业法带电压接铜、铝接线端子或压接型接续线夹等。

【使用步骤】

（1）安装液压工器具取力时，先将工作斗上的液压输出开关"关闭"。将输油管、回油管接口与斗臂车液压接口对接并检查扣好锁紧，防止液压输油不畅。

（2）使用液压工器具前，将工作斗上的液压输出开关"打开"，启动工具动力阀。根据动力情况调节液压取力的大小，然后进行相应的压接等操作。

（3）作业完毕，拆除液压工器具时，先将工作斗上的液压输出开关"关闭"，再连续按压操作几次液压工器具的操作手柄，以完全释放工具中的液压压力。

（4）断开输油管、回油管与斗臂车液压工具接口的连接，并将斗臂车液压接口与工器具输油、回油管接口防尘罩扣好锁紧。

【注意事项】

（1）连接前确认工器具液压油管与取力接口的型号规格相匹配。

（2）进行带电作业时，液压工器具输油、回油管严禁接触带电体。

（3）保持液压工器具输油、回油管的表面清洁，及时擦干净油污，防止污染绝缘工器具、防护用具。

（4）接上或断开液压工具软管之前，始终要释放工具端口的压力。排放掉压力时，将工作斗上的液压输出开关移动到"关闭"的位置。

（5）在拆除液压工器具输油、回油管接口时，应保持管口垂直朝上，拆下后及时扣好防尘罩，防止渗漏液压油烫伤及污染绝缘工器具、防护用具。

（6）连接或拆卸液压工具软管前，应释放工具端口内的压力，以免高压液压油喷射对人员皮肤和眼睛造成伤害。一旦发生上述事故，应立即就医。

4.8　斗臂车用液压增压器

【工具结构】

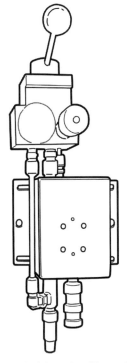

图 4-8　斗臂车用液压增压器外观图

【用途】

用于绝缘斗臂车将车载中压液压系统压力转换为高压，以供压接和冲孔工具完成导线承力接头大吨位的压接和金属构件的冲孔操作。

【使用步骤】

（1）安装液压增压前，先将工作斗上的液压输出开关"关闭"。分别将增压器进油取力端的输油管与回油管接口、斗臂车液压接口对接，将液压工具的输油管、回油管与增压器的输出端接口对接，检查扣好锁紧，防止液压输油不畅。

（2）使用增压器前，将工作斗上的液压输出开关"打开"，启动工具动力阀。根据动力情况调节液压取力的大小，推动增压缸活塞 LP 一起下移到底部。活塞 HP 到底部后，高压油将与增压器换向阀芯上部接通，推动阀芯向下运动，给液压工具提供操作压力。

（3）然后进行相应的压接、冲孔等操作。

（4）作业完毕，拆除液压工器具时，先将工作斗上的液压输出开关"关闭"，再连续按压操作几次液压工器具的操作手柄，以完全释放工具中的液压压力。

（5）断开输油管、回油管与斗臂车液压工具接口的连接，并将斗臂车液压接口与增压器输油、回油管接口防尘罩扣好锁紧。

【注意事项】

（1）连接前确认工器具液压油管与取力接口的型号规格相匹配。

（2）进行带电作业时，液压工器具输油、回油管严禁接触带电体。

（3）保持增压器和液压工器具输油、回油管的表面清洁，及时擦干净油污，防止污染绝缘工器具、防护用具。

（4）接上或断开液压软管之前，始终要释放工具端口的压力。排放掉压力时，将工作斗上的液压输出开关移动到"关闭"的位置。

（5）在拆除液压输油、回油管接口时，应保持管口垂直朝上，拆下后及时扣好防尘罩，防止渗漏液压油烫伤及污染绝缘工器具、防护用具。

（6）连接或拆卸液压工具软管前，应释放工具端口内的压力，以免高压液压油喷射对人员皮肤和眼睛造成伤害。一旦发生上述事故，应立即就医。

4.9　支杆固定器

【工具结构】

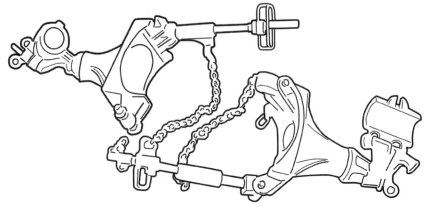

图4-9　支杆固定器外观图

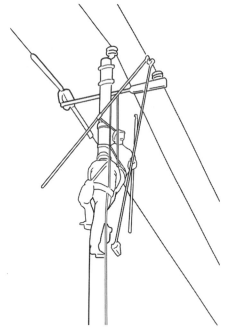

图4-10　支杆固定器使用过程图

【用途】

　　用于绝缘杆作业法带电作业时在电杆上固定支撑杆。

【使用步骤】

　　（1）作业人员登杆至合适位置，在电杆上安装支杆固定器底部抱箍部件，并通过收紧调节链条使之可靠固定在电杆上。

　　（2）将绝缘杆与待支撑导线等物品可靠连接，并推拉至适当位置。

　　（3）将绝缘杆放入固定器对应的卡槽中，合上卡环并锁紧。从而代替作业人员完成对绝缘杆的握持，并使之保持在需要的工作位置状态。

【注意事项】

　　（1）使用前应检查各金属部件有无锈蚀、裂纹，活动部件转动应灵活无卡涩。

　　（2）固定安装位置选取应合适，以确保安装时作业人员与头顶及周围的带电体保持有足够的安全距离，所固定的绝缘杆应保持足够的有效绝缘长度。

4.10 支杆提升器

【工具结构】

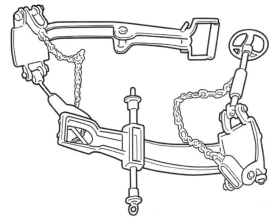

图 4-11 支杆提升器外观图

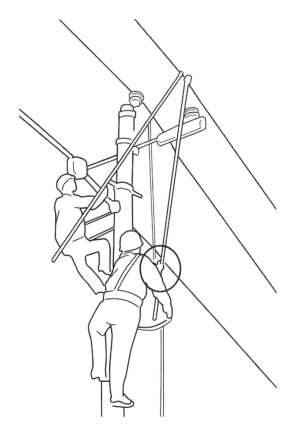

图 4-12 支杆提升器使用过程图

【用途】

用于绝缘杆作业法带电作业时在电杆上固定并提升支杆。

【使用步骤】

（1）作业人员登杆至合适位置，在电杆上安装支杆提升器底部抱箍部件。

（2）调整、确认支杆提升器的中心位置、吊具夹钳位置适当后，通过收紧调节链条使之可靠固定在电杆上。

（3）将绝缘杆与待支撑导线等物品可靠连接后，将绝缘杆放入提升器对应的卡槽中，合上卡环并锁紧。

（4）摇动提升手柄顶升绝缘杆，使之提升导线并保持在需要的工作位置状态。

【注意事项】

（1）使用前应检查各金属部件有无锈蚀、裂纹，活动部件转动应灵活无卡涩。

（2）固定安装位置选取应合适，以确保安装时作业人员与头顶及周围的带电体保持有足够的安全距离，所固定的绝缘杆应保持足够的有效绝缘长度。

（3）提升操作中，发现不转动或有异常响声时应立即停止操作，并进行卸载检查。

4.11　导线棘轮切刀

【工具结构】

图 4-13　导线棘轮切刀外观图

【用途】

用于绝缘手套作业法带电作业时切断线路非承力导线。

【使用步骤】

（1）按压保险扣，打开导线棘轮切刀刀口。

（2）将切刀刀口移动到导线待裁剪位置，闭合刀口并按压收紧，使刀头紧贴导线。

（3）持续握压手柄，使刀头切入导线并最终将导线完全切断。

【注意事项】

（1）此类手持式导线棘轮切刀，无特别说明的仅适用于不带钢芯导线的裁剪。

（2）在带电环境中使用导线棘轮切刀时，切刀应与周围不同相或不同电位体保持足够的安全距离。无法满足时应设置可靠的绝缘遮蔽或隔离措施，且人体不得与之发生接触。

4.12　导线绝缘护管导引器

【工具结构】

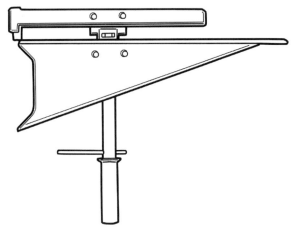

图 4-14　导线绝缘护管导引器外观图

【用途】

用于绝缘杆作业法带电装拆导线绝缘护管。

【使用步骤】

（1）作业人员登杆至合适位置，将绝缘操作杆与引导器做可靠的组合连接。

（2）将引导器安装到导线上。

（3）将导线绝缘护管沿导引器斜边的底部推入，顺着斜边滑入导线完成对导线的绝缘遮蔽。

【注意事项】

（1）作业位置选取合适，以确保安装时作业人员与头顶及周围的带电体保持有足够的安全距离，所使用的绝缘杆应保持足够的有效绝缘长度。

（2）该工具与绝缘操作杆组合使用，适用于截面 70~240mm² 导线。

4.13　棘轮套筒扳手

【工具结构】

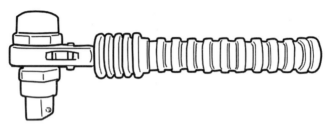

图 4-15　棘轮套筒扳手外观图

【用途】

　　用于绝缘手套作业法带电松、紧螺栓。

【使用步骤】

　　（1）根据所要拆装的螺栓规格选取相匹配的套筒。

　　（2）根据装或拆的需求，将棘轮套筒扳手的双向棘轮锁扣，设置到相应的正、反向挡位。

　　（3）反复摆动操作手柄，手动松、紧螺母。

【注意事项】

　　（1）注意套筒部分具备多种口径，选择合适口径以适应不同大小的螺栓。

　　（2）棘轮套筒扳手手柄虽然具有一定绝缘性能，但不可作为主绝缘使用。

　　（3）在带电环境中使用棘轮套筒扳手时，扳手应与周围不同相或不同电位体保持足够的安全距离。无法满足时应设置可靠的绝缘遮蔽或隔离措施，且不得与之发生接触。

4.14 智能控制角度可调大扭矩带电作业用电动扳手

【工具结构】

（a）仰角安装工作状况　　　　　　（b）水平安装工作状况

图 4-16　智能控制角度可调大扭矩带电作业用电动扳手外观图

【用途】

用于配电线路使用绝缘杆作业对线夹螺栓进行紧固或拆除。

【使用步骤】

（1）装上电池，确认正反转按钮以及输出力矩挡位满足下一步对螺母的松紧操作需求。

（2）将电动扳手安装在手柄上或绝缘杆上，根据需要调整角度，并安装型号匹配的套筒。

（3）上举绝缘杆将电动扳手套筒套在螺栓上，配合人员按动遥控器，将螺栓紧固或者拆除。

【注意事项】

（1）充电式电动扳手在存储、运输时应尽量将电池取下并闭锁扳机，以免出现馈电或误触误动状况。

（2）使用前，应检查电池电量是否充足；连接套筒的转轴转动应顺畅无卡顿；电动扳手与绝缘杆的连接应牢固可靠，以免掉落伤人。

（3）长时间大扭力冲击螺帽，易造成螺帽磨损。

（4）在使用充电式电动扳手的过程中，发现有火花异常时要立即停止操作，进行检查，排除故障。

（5）非绝缘外壳占用空气间隙易造成相间、相地短路事故，故带电环境中使用时，扳手应与周围不同相或不同电位体保持足够的安全距离。无法满足时应设置可靠的绝缘遮蔽或隔离措施，且人体不得与之发生接触。

4.15　配电直线绝缘子导线固定装置

【工具结构】

图 4-17　配电直线绝缘子导线固定装置外观图

【用途】

用于配电线路将导线固定在针式绝缘子上。

【使用步骤】

（1）将架空导线放置在针式绝缘子顶槽内。

（2）首先松开配电直线绝缘子导线固定装置固定螺栓，调整固定爪的间距。

（3）将配电直线绝缘子导线固定装置安装在针式绝缘子顶端，拧紧固定螺栓，将导线可靠地固定在绝缘子线槽内。

【注意事项】

（1）导线固定装置固定爪的间距不应过大，以免导致导线未能可靠紧固，产生导线脱槽掉落风险。

（2）导线固定装置固定爪的间距不应过小，以免夹紧过程中造成绝缘子破损。

第 5 章

其他工器具

5.1　绝缘工具放置架

【工具结构】

图 5-1　绝缘工具放置架外观图

【用途】

用于配电线路绝缘杆作业法过程中放置绝缘杆类工具。

【使用步骤】

（1）将绝缘工具架水平放置在地面。

（2）根据需要将绝缘工具水平放置在工具放置架上，绝缘工具取、放时不得碰触地面。

【注意事项】

（1）放置绝缘工具放置架的地面应平坦，以免工具架倾斜、倾倒。

（2）取放绝缘工具时，避免碰倒工具架。

5.2 斗臂车用泄漏电流监测仪

【工具结构】

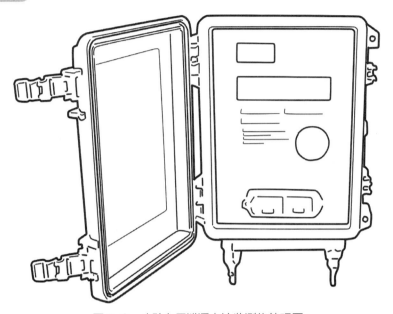

图 5-2 斗臂车用泄漏电流监测仪外观图

【用途】

用于带电作业时实时监测绝缘斗臂车的泄漏电流，防止作业人员在斗臂车绝缘臂泄漏电流过大的情况下工作，当泄漏电流到达预先设置的水平，监测仪会发出警报，泄漏电流设置范围 1~1000μA，精度达到 0.1μA。

【使用步骤】

（1）插上电源，接通电源开关，电源指示灯亮。

（2）选择电源量程，按下所需电流按钮。

（3）选择泄漏电流报警值。

（4）选择测试时间。

（5）将被测物接入测量端，启动仪器，将试验电压升至被测物额定工作电压的 1.06 倍（或 1.1 倍），切换相位转换开关，分别读取两次读数，选取数值大的读数泄漏电流值。

【注意事项】

（1）在没有切断电流前，不得触摸被测电器。

（2）应尽量减少环境对测试数据的影响。

5.3　柱上快装绝缘工具架

【工具结构】

图 5-3　柱上快装绝缘工具架外观图

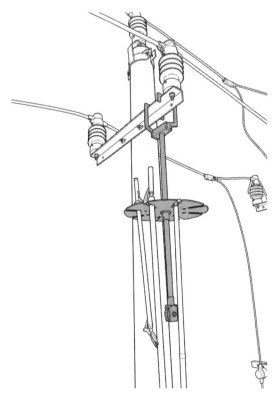

图 5-4　柱上快装绝缘工具架使用过程图

【用途】

用于绝缘杆作业法带电作业时，在杆上临时放置绝缘工具。

【使用步骤】

（1）将绝缘工具架悬挂在横担上。

（2）根据需要将绝缘杆类工具悬挂在工具架上的卡槽内。

【注意事项】

（1）悬挂绝缘工具时避免剧烈晃动，以免造成工具掉落。

（2）悬挂工具重量不应大于工具架的承重重量，以免工具架掉落。

5.4　放电杆

【工具结构】

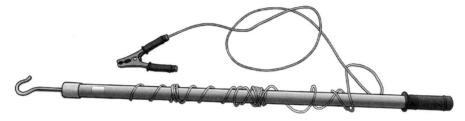

图 5-5　放电杆外观图

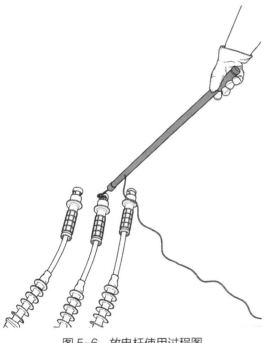

图 5-6　放电杆使用过程图

【使用步骤】

（1）将放电杆的放电引线固定在接地钎或接地极上。

（2）操作人员佩戴绝缘手套，手持放电杆绝缘柄，缓缓靠近需放电的设备进行放电。

【注意事项】

（1）放电引线应可靠固定，以免放电杆未发挥放电作用。

（2）应正确佩戴绝缘手套，以免人身触电事故。

（3）应注意，设备未完全放电时，操作人员碰触设备可能造成人身触电事故。

【用途】

用于带电作业前释放电缆、线路、电容器等线路或设备的残余电荷。

5.5　绝缘测量杆

【工具结构】

图 5-7　绝缘测量杆外观图

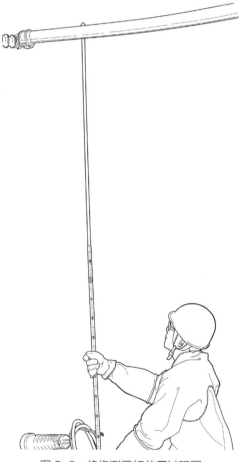

图 5-8　绝缘测量杆使用过程图

【用途】

用于测量带电导线与基准面的垂直高度。

【使用步骤】

（1）将绝缘测量杆从顶端按节依次抽出并固定好。

（2）手握绝缘测量杆下端安全距离标识处，将绝缘测量杆上端挂在导线上，下端接触在被测量物体上。

（3）根据绝缘测量杆的读数，测量出带电体与被测量体之间直线距离。

【注意事项】

（1）手握绝缘杆有效绝缘长度应大于0.7m，以免造成人身触电事故。

（2）测量杆应正确抽出，以免测量数据错误。

5.6　绝缘测径杆

【工具结构】

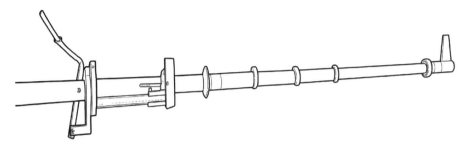

图 5-9　绝缘测径杆外观图

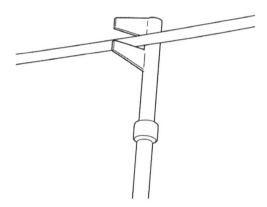

图 5-10　绝缘测径杆使用过程图

【用途】

用于配电线路绝缘杆作业法带电测量各种导线的线径。

【使用步骤】

（1）手握绝缘测径杆下端安全距离标识处，向上推动测径杆操作机构，将测径杆卡口打开。

（2）手握绝缘测径杆，将测径杆卡在导线上，下拉测径杆机构收紧卡口。

（3）读取绝缘测径杆下端刻度读数，测量出架空导线线径。

【注意事项】

（1）手握绝缘杆有效绝缘长度应大于0.7m，以免造成人身触电事故。

（2）测径杆卡口应垂直于导线，以免测量数据错误。

5.7　绝缘双头锁杆兼引线挂杆

【工具结构】

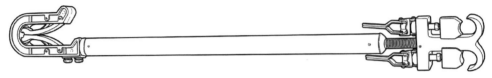

图 5-11　绝缘双头锁杆兼引线挂杆外观图

图 5-12　绝缘双头锁杆兼引线挂杆使用过程图

【用途】

　　用于配电线路不停电作业时临时固定引线。

【使用步骤】

　　（1）在断引线项目中，手握绝缘杆将带电主导线和引线分别固定在双头锁杆中，剪断引线后，将被剪断后的引线端头固定在绝缘双头锁杆下端的引线固定卡扣中。

　　（2）在接引线项目中，手握绝缘杆将绝缘双头锁杆上端固定在带电主导线上，然后将待接引线端头固定在绝缘双头锁杆下端的引线固定卡扣中。

【注意事项】

　　（1）手握绝缘杆有效绝缘长度应大于0.7m，以免造成人身触电事故。

　　（2）引线应可靠固定，以免掉落造成短路。

　　（3）断、接线路前应确认后段线路空载。

5.8 绝缘引流线支架

【工具结构】

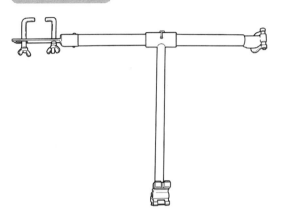

图 5-13 绝缘引流线支架外观图

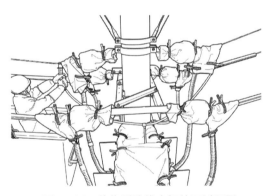

图 5-14 绝缘引流线支架使用过程图

【用途】

　　用于配电线路绝缘手套作业法进行三类作业过程中临时固定引流线。

【使用步骤】

　　（1）登杆将绝缘引流线支架安装在横担下方合适位置，打开固定卡槽机构。

　　（2）选择引流线合适位置，将其放置在卡槽内进行固定。

【注意事项】

　　（1）绝缘支架最小有效绝缘长度应大于0.7m。

　　（2）使用前应进行外观检查并检测绝缘电阻，阻值应不小于 700MΩ。

5.9　不停电作业低压快速接口

【工具结构】

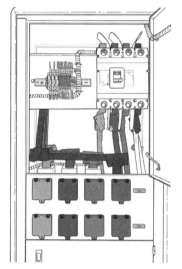

图 5-15　不停电作业低压快速接口外观图

【用途】

　　用于低压配电线路快速进行旁路电缆接入与退出。

【使用步骤】

　　（1）对不停电作业低压快速接口进行清洁。
　　（2）根据操作顺序，打开快速接口保护盖，将旁路柔性电缆垂直于接口，用力插入并旋转锁定。

【注意事项】

　　（1）应垂直插入接口，避免蛮力操作造成接口损坏。
　　（2）应有效锁定，以免快速接口意外弹出。

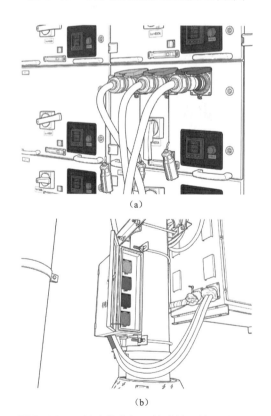

（a）

（b）

图 5-16　不停电作业低压快速接口使用过程图